JN027260

Modal Logics in Computer Science

コンピュータサイエンスにおける様相論理

鹿島　亮 著

森北出版

●本書のサポート情報を当社Webサイトに掲載する場合があります.
下記のURLにアクセスし，サポートの案内をご覧ください.

https://www.morikita.co.jp/support/

●本書の内容に関するご質問は，森北出版 出版部「(書名を明記)」係宛に書面にて，もしくは下記のe-mailアドレスまでお願いします．なお，電話でのご質問には応じかねますので，あらかじめご了承ください.

editor@morikita.co.jp

●本書により得られた情報の使用から生じるいかなる損害についても，当社および本書の著者は責任を負わないものとします.

■本書に記載している製品名，商標および登録商標は，各権利者に帰属します.

■本書を無断で複写複製（電子化を含む）することは，著作権法上での例外を除き，禁じられています．複写される場合は，そのつど事前に(一社)出版者著作権管理機構（電話03-5244-5088，FAX03-5244-5089，e-mail:info@jcopy.or.jp）の許諾を得てください．また本書を代行業者等の第三者に依頼してスキャンやデジタル化することは，たとえ個人や家庭内での利用であっても一切認められておりません.

まえがき

本書の目的

様相論理とは，たとえば「真の可能性がある」「将来にわたってずっと偽」「それが真であることを花子は知っている」のように，単に真か偽かだけでなく状況に依存した真偽や複雑化された真偽概念を表現できる論理です．さまざまな動機から生まれたさまざまな様相論理がありますが，コンピュータサイエンスにおいては **CTL** (computation tree logic)，様相ミュー計算 (modal μ-calculus)，**PDL** (propositional dynamic logic) といった様相論理がよく研究されています．**CTL** は，たとえば「A が起こればその後いつかは B が起こる」のような，時間とともに変化する真偽を細かく記述できるので，システムの振る舞いを記述してその成否を調べるモデル検査という技術に用いられています．様相ミュー計算は，不動点という仕組みを使うことで，**CTL** をはるかに超える記述力を実現している様相論理です．**PDL** は「このプログラムの実行が終了したら真」などプログラムに依存した真偽を表現できる様相論理です．プログラム検証を行う論理としてホーア論理というのがよく知られていますが，**PDL** はホーア論理と密接な関係があります．

本書の目的は，コンピュータサイエンスにおけるこれらの様相論理に関して，その数学的な基礎部分をわかりやすくかつ正確に説明することです．

本書の特徴

上記の様相論理をまとめて詳細に説明した本書のような教科書は他にほとんどないと思います．とくに，既存の教科書には証明まで載せられることが少ない下記の定理について，本書では証明を与えました．

証明体系の完全性

数理論理学における重要な定理が証明体系の完全性定理です．L を様相論理としたとき，L の証明体系の完全性定理は「論理式 φ が L の真偽概念のもとで恒真である」と「Lの証明体系によってφを導くことができる」という二つの条件の同値性，すなわち真理と証明との一致を表しています．これはLの定式化が妥当であることの証拠といえ，Lの分析にモデル論的な手法と証明論的な手法の両方を自在に使えることを保証する，研究の土台となる定理であるともいえます．本書には**CTL**と**PDL**の証明体系の完全性定理の証明を載せました．さらに，Geach論理（モデルの状態遷移関係の合流性を網羅的に公理化した様相論理）についても証明を載せました．

計算可能性

コンピュータサイエンスにおける様相論理の意義には二つの方向があります．一つは先述のようにシステムやプログラムに関わる真偽を論理式で表現できること，そして，もう一つはそのように表現した論理式の真偽がコンピュータで計算可能であることです．本書では各様相論理について，論理式とモデルが与えられたときの真偽が計算可能であることの証明を載せました．さらに，**CTL**と**PDL**については，「論理式が与えられたときにそれが恒真であるか否か（充足可能であるか否か）」が計算可能であることの証明も載せました．

様相ミュー計算のゲーム意味論の妥当性

ゲーム意味論とは，特殊なゲームの必勝戦略の有無で論理式の真偽を定義する方法です．多くの論理に適用できますが，とくに様相ミュー計算で威力を発揮し，これを用いることで不動点の扱いが著しく簡単になります．ゲーム意味論と従来の意味論で論理式の真偽が一致する，という事実をゲーム意味論の妥当性といいますが，この重要な基本性質の証明を載せました．

本書の読み方

本書は命題論理の基本を学んだことのある読者を想定しています．第1章で命題論理に関する必要事項をまとめて説明しますが，そこでは丁寧な説明や詳細な証明は省略するので，必要に応じて他の教科書などを参照してください．

第2章では，**K**という様相論理とその周辺の基本事項を丁寧に説明します．

本書の様相論理はすべて **K** を拡張したものなので，この章の内容は後の章を読むために必要です．ただし，最後の三つの節（2.9 節以降）は後の章にほとんど関わらないので，飛ばして後の章に進むこともできます．また逆に，後の章には進まずに第 2 章だけを完結した様相論理の入門として読むこともできます．

第 3，第 4，第 5 章では，それぞれ **CTL**，様相ミュー計算，**PDL** を扱います．これらの章の内容は互いに独立なので，別々に読むことができます．

第 6 章では，ホーア論理（これは様相論理ではありません）の基本部分を説明します．この章は第 5 章に付随したものですが，様相論理に関わらない部分を単独にホーア論理の解説として読むこと，つまり他の章は読まずに 6.1〜6.3 節だけを読むこともできます．

［詳細］という表示のある 2.8 節，2.11 節，3.6 節，4.9 節，5.4 節，5.5 節は詳細な証明を示すことを目的としているので，概要だけを知りたい場合は読み飛ばしてください．

本書をコンピュータサイエンス専攻あるいは数理論理学，数学，哲学などを専攻する大学 3 年〜大学院の講義やセミナーの教科書として使用することもできると思います．実際に本書は，筆者が大学や大学院で行ったいくつかの講義の資料に基づいて作成されています．

謝辞 ――――――――――

佐野勝彦さんにはご著書（文献 [6]）を引用させていただき，最近の研究に関する貴重な情報もいただきました．中村誠希さん，佐藤悠さん，西村祐輝さんには原稿に対して多くの改善案をいただきました．そして，森北出版の宮地亮介さんと村瀬健太さんには大変お世話になりました．宮地さんに声をかけてもらわなければ本書は生まれませんでしたし，村瀬さんとのやりとりによる原稿改善箇所は数え切れません．これらの方々，そして日頃から支えてくださっている皆様に感謝いたします．どうもありがとうございました．

2021 年 11 月

鹿島　亮

目　次

本書でよく使う文字と記号

本書でよく使うギリシャ文字と記号を表1と表2にまとめる．ただし記号には決まった読み方がないので，筆者による読み方は参考程度に留めてほしい．

表1　本書でよく使うギリシャ文字

文字	用途
$\Gamma, \Delta, \Pi, \Sigma, \Omega$ など	論理式の集合を表す
$\alpha, \beta, \gamma, \delta, \xi, \varphi, \psi$ など	論理式を表す
η	不動点演算子を表す（第4章）
μ, ν	最小不動点演算子，最大不動点演算子（第4章）
π	プログラムを表す（第5章，第6章）

表2　本書でよく使う記号

記号	筆者による読み方	用途，用法
$\to$	インプライズ，ならば	論理式の構成要素
$\Rightarrow, \Longrightarrow$	ならば	文章中で使う
$\Rightarrow$	矢印，白抜き矢印	左右に論理式の集合を書いて「シークエント」を作る（2.8節，2.9節，3.6節，5.5節）
$\rightsquigarrow$	にょろ矢印	モデルにおける状態遷移
$\leftrightarrow$	両向き矢印	論理式の構成要素
$\Leftrightarrow, \Longleftrightarrow$	必要十分	文章中で使う
$\equiv$	同値	左右に論理式を書く（1.2節，3.3節）
$\models$	モデルズ ¶1，ゲタ記号 ¶2	「$\cdots$ において $\cdots$ が真」を表す
$\vdash$	証明可能，ト記号 ¶3	「$\cdots$ で $\cdots$ が証明可能」を表す
$\top$	トップ，真	論理式の構成要素
$\bot$	ボトム，偽	論理式の構成要素
$\neg$	ノット，否定	論理式の構成要素
$\wedge$	アンド，かつ	論理式の構成要素
$\bigwedge$	アンド，大きなアンド	右側に論理式の集合を書く
$\vee$	オア，または	論理式の構成要素
$\bigvee$	オア，大きなオア	右側に論理式の集合を書く
$\Box$	ボックス	論理式の構成要素
$\Box^*$	ボックススター	論理式の構成要素
$\blacksquare$	——	証明終わりの目印
$\Diamond$	ダイヤモンド	論理式の構成要素

¶1　LaTeX では `\models` と書く．

¶2　下駄を横向きにした形なので．なお，一般には 〓 をゲタ記号ということが多い．

¶3　カタカナのトに似ているので．

表 2 の 1 行目の $\to$ と 2 行目の $\Rightarrow, \Longrightarrow$ はすべて「ならば」と読んでいるが，用途がまったく異なる．数理論理学の研究対象は論理式であり，$\to$ はその対象の一部である．他方 $\Rightarrow$ と $\Longrightarrow$ は，議論を記述している文章中で「ならば」という日本語の代わりに使うものである．この違いは重要なので注意してほしい（$\leftrightarrow$ と $\Leftrightarrow$ の違いも同様）．なお，$f : \mathbb{R} \to \mathbb{N}$ のような，関数の定義域と終域を表す $\to$ も本書に数箇所登場する．

第1章 準備：命題論理

すべての論理体系の基本になるのが命題論理（「かつ」「または」「ならば」などを扱う普通の論理）である．この章では，本書を読むために必要な命題論理に関する事項を簡潔に説明する．なお丁寧な説明や詳細な証明は省略するので，命題論理から初めて学ぶ場合は他の教科書 [¶1] を参照してほしい．

1.1 論理式

可算無限個の**命題変数** (propositional variable) があり，命題変数全体の集合を **PropVar** と表記する．論理記号は次を用いる：$\top$, $\bot$, $\neg$, $\wedge$, $\vee$, $\to$, $\leftrightarrow$. これらの記号はそれぞれ「真」「偽」「否定」「かつ」「または」「ならば」「同値」を意味する．命題変数，論理記号および括弧を使って論理式が構成される．正確には，以下のように再帰的に定義される．

定義 1.1.1 ［論理式］

(1) 命題変数および $\top$, $\bot$ は論理式である．

(2) φ と ψ が論理式ならば，次の五つはすべて論理式である．

$$(\neg\varphi),\quad (\varphi \wedge \psi),\quad (\varphi \vee \psi),\quad (\varphi \to \psi),\quad (\varphi \leftrightarrow \psi)$$

厳密には「これらに該当するものだけが論理式である」という条項も書くべきであるが，慣習的にこれは省略する．

今後は命題変数を p, q, a, b などで表し，論理式を φ, ψ などで表し，論理式の

¶1 たとえば文献 [1,3,7,10] や [4] の序章など．なお，教科書によって記号や定義や名称が異なることがあるので注意してほしい．たとえば $\to$ でなく $\supset$ を使うことがある．また，命題変数のことを「命題記号」，付値関数のことを「真理値割り当て」や「解釈」ということがある．

集合を Γ, Δ などで表す．一つの文脈では異なるローマ字小文字は原則として異なる命題変数を表す．論理式を書く際には，結合の強さが

$$\neg > \{\wedge, \vee\} > \{\rightarrow, \leftrightarrow\}$$

の順に弱くなる，という約束で括弧を省略する．

例 1.1.2　$(((\neg p) \wedge \top) \rightarrow (q \rightarrow ((\neg p) \wedge \top)))$ は論理式であり，この括弧を省略すると $\neg p \wedge \top \rightarrow (q \rightarrow \neg p \wedge \top)$ と書ける．◢

演習問題 1.1.3　次の表記に括弧を補え．

$$(\neg\neg p \rightarrow q) \wedge r \leftrightarrow \neg s \vee t$$

定義 1.1.4［論理式の長さ, $\mathbf{Lh}(\cdot)$, 部分論理式, $\mathbf{Sub}(\cdot)$, $\mathbf{Var}(\cdot)$, 代入］
論理式 φ 中の括弧を除く記号の出現数を φ の**長さ** (length) といい，$\mathrm{Lh}(\varphi)$ と表記する．φ の一部分になっている論理式（φ 自身も含む）のことを φ の**部分論理式** (subformula) といい，φ の部分論理式すべての集合を $\mathrm{Sub}(\varphi)$ と書く．φ 中に現れる命題変数全体の集合を $\mathrm{Var}(\varphi)$ と書く．φ の中に出現するすべての命題変数 p を論理式 ψ に置き換える操作を「φ 中の p への ψ の**代入**」といい，これで得られる論理式を $\varphi\{p{:=}\psi\}$ と表記する．

例 1.1.5　$\varphi = \neg p \wedge \top \rightarrow (q \rightarrow \neg p \wedge \top)$（例 1.1.2 の式）とすると，次が成り立つ．

$$\begin{aligned}
&\mathrm{Lh}(\varphi) = 11 \\
&\mathrm{Sub}(\varphi) = \{\neg p,\ p,\ \neg p \wedge \top,\ \top,\ \neg p \wedge \top \rightarrow (q \rightarrow \neg p \wedge \top),\ q, \\
&\qquad\qquad q \rightarrow \neg p \wedge \top\} \\
&\mathrm{Var}(\varphi) = \{p, q\} \\
&\varphi\{p{:=}\neg p \vee q\} = \neg(\neg p \vee q) \wedge \top \rightarrow (q \rightarrow \neg(\neg p \vee q) \wedge \top)
\end{aligned}$$
◢

演習問題 1.1.6　$\mathrm{Lh}(\varphi)$, $\mathrm{Sub}(\varphi)$, $\mathrm{Var}(\varphi)$, $\varphi\{p{:=}\psi\}$ それぞれについて，φ の構成に従った再帰的な定義を与えよ．

演習問題 1.1.7　$\mathrm{Sub}(\varphi)$ の要素数は $\mathrm{Lh}(\varphi)$ 以下であることを証明せよ．

定義 1.1.8［$\bigwedge$, $\bigvee$］　論理式の有限集合 Γ に対して $\bigwedge\Gamma$ と $\bigvee\Gamma$ はそれぞれ「Γ のすべての要素を $\wedge$ でつなげた論理式」と「Γ のすべての要素を $\vee$ でつなげた論理式」を表す．空集合に対しては $\bigwedge\emptyset = \top$, $\bigvee\emptyset = \bot$ とする．

なお，上の定義において Γ の要素を $\wedge$ や $\vee$ でつなげる順番や要素の重複については（通常は）気にしない．なぜなら後（注意 1.2.12）で示すように，順番が変わったり重複があったりしても，論理式の真偽には影響がないからである．

1.2　真理値，恒真

定義 1.2.1［付値関数］　**PropVar**（命題変数全体）から真理値の集合 $\{\mathsf{true}, \mathsf{false}\}$ への関数を**付値関数**とよぶ．

注意 1.2.2　真理値 true, false はそれぞれ「真」「偽」を意図しているが，数学的にはこれらは単に互いに異なる二つのものであれば何でもよい．たとえば $\{1, 0\}$ を真理値として用いることはよく行われる．

付値関数と論理式との間の関係 $\models$（これを**充足関係**とよぶ）を次で定義する．以下では，f は付値関数である．

定義 1.2.3［充足関係］

(1) $f(p) = \mathsf{true}$ ならば $f \models p$. $f(p) = \mathsf{false}$ ならば $f \not\models p$.
(2) $f \models \top$.
(3) $f \not\models \bot$.
(4) $f \models \neg\varphi \iff f \not\models \varphi$.
(5) $f \models \varphi \wedge \psi \iff f \models \varphi$ かつ $f \models \psi$.
(6) $f \models \varphi \vee \psi \iff f \models \varphi$ または $f \models \psi$.
(7) $f \models \varphi \to \psi \iff f \not\models \varphi$ または $f \models \psi$.

(8) $f \models \varphi \leftrightarrow \psi \iff (f \models \varphi$ かつ $f \models \psi)$
または $(f \not\models \varphi$ かつ $f \not\models \psi)$.

ここで，$f \models \varphi$ であることを「φ は f で真」「φ は f で成り立つ」「f は φ を充足する」などといい，$f \not\models \varphi$ であることを「φ は f で偽」「φ は f で成り立たない」「f は φ を否定する」などという．

注意 1.2.4　$f \models \varphi$ の成否は φ 中の命題変数の真理値だけに依存する．つまり，付値関数 f の定義域が **PropVar** でなく $\mathrm{Var}(\varphi)$ であっても，$f \models \varphi$ は定義 1.2.3 とまったく同じに定まる．今後は付値関数の定義域が **PropVar** と $\mathrm{Var}(\varphi)$ のどちらであるかは議論に都合のよいほうを用い，そのような定義域の切り替えは暗黙に適宜行う．

注意 1.2.5　$f \models \varphi$, $f \not\models \varphi$ をそれぞれ $\varphi =$ true, $\varphi =$ false と読めば，充足関係は表 1.1 の真理値表に基づく真理値の計算と考えてもよい．

表 1.1　論理記号の真理値表

$\top$	$\bot$
true	false

φ	$\neg\varphi$
true	false
false	true

φ	ψ	$\varphi \wedge \psi$	$\varphi \vee \psi$	$\varphi \to \psi$	$\varphi \leftrightarrow \psi$
true	true	true	true	true	true
true	false	false	true	false	false
false	true	false	true	true	false
false	false	false	false	true	true

定義 1.2.6［トートロジー，同値，充足可能］　φ が**トートロジー**である（**恒真**ともいう）とは，任意の付値関数 f に対して $f \models \varphi$ となることである．φ と ψ が**同値**であるとは，任意の付値関数 f に対して $f \models \varphi \iff f \models \psi$ となることである．φ が**充足可能**であるとは，ある付値関数 f が存在して $f \models \varphi$ となることである．

トートロジーは内容によらず論理的な構造だけから正しいといえるものであり，命題論理において最も基本的で重要な概念である．

例 1.2.7 以下の四つの論理式はすべてトートロジーである．

$$p \vee \neg p$$
$$p \to p$$
$$(p \to q) \vee (q \to p)$$
$$p \wedge (q \vee r) \leftrightarrow (p \wedge q) \vee (p \wedge r)$$

◢

演習問題 1.2.8 上の例 1.2.7 がすべてトートロジーであることを確認せよ．

以下の演習問題 1.2.9 と定理 1.2.11 では，論理式 α と β が同値であることを $\alpha \equiv \beta$ と表記する．なお $\alpha = \beta$ という表記はすでに使用しているが，これは「α と β は同じ論理式（つまり同じ記号列）」であることを表す．$\equiv$ と $=$ を混同しないように注意してほしい．

演習問題 1.2.9

(1) 次を示せ．

$$\top \equiv p \to p$$
$$\bot \equiv \neg(p \to p)$$
$$\varphi \wedge \psi \equiv \neg(\varphi \to \neg\psi)$$
$$\varphi \vee \psi \equiv \neg\varphi \to \psi$$

(2) $\varphi \leftrightarrow \psi$ と同値な論理式を φ と ψ と $\neg$ と $\to$ だけを使用して作れ．

注意 1.2.10 $\top$ を $p \to p$ の省略形，$\bot$ を $\neg(p \to p)$ の省略形，$\varphi \wedge \psi$ を $\neg(\varphi \to \neg\psi)$ の省略形，$\varphi \vee \psi$ を $\neg\varphi \to \psi$ の省略形，そして $\varphi \leftrightarrow \psi$ を上の演習問題 (2) に従った省略形とすれば，どんな論理式も命題変数と $\neg$ と $\to$ だけを使って書けることになる．このように，ある記号を別の記号を組み合わせた省略形として扱うことは今後頻繁に行われる．

上の注意を正確にいえば，「$\top$ を $p \to p$ に書き換え，$\varphi \wedge \psi$ を $\neg(\varphi \to \neg\psi)$ に書き換え，... といった操作を論理式の内側から順に施していけば，元の論理式と同値で論理記号は $\neg$ と $\to$ だけの論理式が得られる」ということである．この書き換えが真理値を保存することは，次の定理が保証している．

定理 1.2.11　$\alpha \equiv \beta$ ならば $\varphi\{p{:=}\alpha\} \equiv \varphi\{p{:=}\beta\}$ である（したがって，論理式の真理値を議論しているときには，論理式中の一部分をその部分と同値な論理式に自由に置き換えてもよい）．

［**証明**］　$\alpha \equiv \beta$ を仮定する．以下では，$\varphi\{p{:=}\alpha\} \equiv \varphi\{p{:=}\beta\}$ であることを φ の構成に関する帰納法によって示す．

【$\varphi = p$ の場合】$\varphi\{p{:=}\alpha\} = \alpha$，$\varphi\{p{:=}\beta\} = \beta$ なので明らか．

【$\varphi = q \neq p$ の場合】$\varphi\{p{:=}\alpha\} = \varphi\{p{:=}\beta\} = q$ であり明らか．

【$\varphi = \varphi_1 \wedge \varphi_2$ の場合】

$$f \models (\varphi_1 \wedge \varphi_2)\{p{:=}\alpha\} \iff (f \models \varphi_1\{p{:=}\alpha\} \text{ かつ } f \models \varphi_2\{p{:=}\alpha\})$$
$$\overset{\text{帰納法の仮定}}{\iff} (f \models \varphi_1\{p{:=}\beta\} \text{ かつ } f \models \varphi_2\{p{:=}\beta\}) \iff f \models (\varphi_1 \wedge \varphi_2)\{p{:=}\beta\}$$

他の場合も同様に示すことができる．■

注意 1.2.12　論理式の有限集合 Γ から論理式 $\bigwedge \Gamma$ を作る複数の方法（$\wedge$ でつなげる順番が異なったり，要素の重複があったりする）について，出来上がった論理式どうしは同値である．したがって，「$\bigwedge \Gamma$ を部分に含む論理式の真理値を議論する際には $\bigwedge \Gamma$ の厳密な形はどうでもよい」ということも上の定理 1.2.11 から保証される（$\bigvee \Gamma$ についても同様）．

後の章では論理式を構成する記号が追加される．そのような論理式に対してもトートロジーという概念を適用したのが次の定義である．

定義 1.2.13　［**トートロジーの形**］　本章の論理式と後の章に登場する論理式を合わせて拡張論理式とよぶ．拡張論理式 φ が**トートロジーの形**であるとは，トートロジーである（本章における）論理式 φ_0 が存在して，φ_0 の中のいくつかの命題変数にそれぞれ適切な拡張論理式を一斉に代入すると φ になることである．

例 1.2.14　$\Box a$ と $\Diamond\Box(a \wedge b)$ は第2章での論理式である．したがって，

$$\Box a \vee \neg\Box a, \quad \Box a \to \Box a, \quad \big(\Box a \to \Diamond\Box(a \wedge b)\big) \vee \big(\Diamond\Box(a \wedge b) \to \Box a\big)$$

はすべてトートロジーの形である．なぜなら，これらは例 1.2.7 に代入をして得られるものだからである．◢

1.3 真偽・恒真性の計算可能性

本書では，各論理における**真偽判定問題**と**恒真性判定問題**が共に計算可能であることを示していく．ここでは命題論理についてそれらを論ずる．

はじめに計算可能という概念の定義を確認しておく．

定義 1.3.1 関数あるいは問題が**計算可能**であるとは，その関数の答えを求めるアルゴリズム，あるいはその問題を解くアルゴリズムが存在することである．ただし，アルゴリズムとは有限長で記述された計算手順であって，それに従えばどんな入力に対しても有限の手間で正解が得られるものである．

注意 1.3.2 上の定義には厳密性が欠けており，正確な定義には適切なプログラミング言語や適切な計算モデル（たとえばチューリング機械）を使う必要がある．詳細は文献 [2, 11] など計算論の教科書を参照してほしい．

論理式 φ と付値関数 f が与えられて，「φ が f で真であるか偽であるか」を判定する問題を，命題論理の**真偽判定問題**という．

定理 1.3.3 命題論理の真偽判定問題は計算可能である．

［証明］ 与えられた論理式 φ と付値関数 f を基にして，充足関係の定義 1.2.3 に従って φ を部分論理式にばらしながら $f \models \varphi$ の成否を計算していく，というアルゴリズムが存在する． ■

注意 1.3.4 計算可能性を正確に論じるためには，アルゴリズムへの入力は有限のデータ（自然数や有限長の記号列など）である必要がある．ところが，付値関数 f の定義域が $\mathbf{PropVar}$（これは無限集合である）ならば，そのような f は一般に有限データで表現できない．そのため，定理 1.3.3 の場合は f の定義域は $\mathrm{Var}(\varphi)$ であるとする（注意 1.2.4 参照）．

なお，上の定理 1.3.3 は簡単なので，これを定理とよぶのは大袈裟かもしれないが，後の章では真偽判定の計算可能性が自明でない様相論理も登場する．

論理式が与えられてそれがトートロジーであるか否かを判定する問題を，命題論理の**恒真性判定問題**という．

定理 1.3.5 命題論理の恒真性判定問題は計算可能である．

［証明］ 次のアルゴリズムで判定できる．φ が与えられたら，$\mathrm{Var}(\varphi)$ を定義域とする付値関数 $f:\mathrm{Var}(\varphi)\to\{\mathsf{true},\mathsf{false}\}$ の個数は有限（$2^{|\mathrm{Var}(\varphi)|}$ 個）ですべてを機械的に列挙できるので，それらの付値関数に対して順番に φ が真であるか否かを調べる（定理 1.3.3 を用いる）．その結果すべての付値関数で真ならばトートロジーであるし，一つでも偽になる付値関数があればトートロジーではない． ■

拡張論理式（定義 1.2.13）に対しても，次のように同様なことが成り立つ．

定理 1.3.6 与えられた拡張論理式 φ がトートロジーの形であるか否かの判定問題は計算可能である．

［証明］ 次のアルゴリズムで判定できる．φ の長さを超えない長さの論理式（拡張論理式ではなく定義 1.1.1 の論理式）は，命題変数の名前換えを同一視すれば（たとえば $q\to p\vee\neg p$ と $r\to q\vee\neg q$ を同一視する）有限個であり，それらすべてを機械的に列挙できる．それらを順に φ_0 の候補として，

(1) φ は φ_0 の中のいくつかの命題変数に適切な拡張論理式を一斉に代入した結果であるか否か？
(2) φ_0 はトートロジーであるか否か？

を調べていけばよい．(1) は有限長の記号列に関する判定なので計算可能である．(2) が計算可能であることは定理 1.3.5 で示されている． ■

注意 1.3.7 命題論理の恒真性判定は計算可能であるが，量化表現（$\forall x$ や $\exists y$）と述語記号を加えて一階述語論理に拡張すると，恒真性判定が計算不可能になる．同様に，後の章に登場する様相論理を一階述語版まで拡張すると，その恒真性判定は計算不可能になる．一階述語様相論理は表現力が高いので有用であり，数学的にも重要な研究対象である．しかし，これを正確に扱うには煩雑な議論が必要になることと，恒真性判定の計算不可能性がコンピュータサイエンスにおける様相論理の意義の一部を損なっていることから，本書では命題論理版の様相論理だけを扱う．

1.4　証明体系，完全性

この節では記述を簡潔にするために，論理記号は $\neg$ と $\rightarrow$ だけで表現されているとする（注意 1.2.10 参照）．そのような $\neg$ と $\rightarrow$ だけの命題論理の証明体系として次が知られている（適切に公理を追加すればすべての論理記号を扱う体系も得られる）．

定義 1.4.1［体系 $\mathcal{H}_\mathbf{C}$］　$\mathcal{H}_\mathbf{C}$ は論理式を導出する体系で，以下の公理と推論規則からなる．

公理

$$\varphi \rightarrow (\psi \rightarrow \varphi) \tag{1}$$

$$(\varphi \rightarrow (\psi \rightarrow \rho)) \rightarrow ((\varphi \rightarrow \psi) \rightarrow (\varphi \rightarrow \rho)) \tag{2}$$

$$(\neg\varphi \rightarrow \neg\psi) \rightarrow (\psi \rightarrow \varphi) \tag{3}$$

推論規則

$$\frac{\varphi \rightarrow \psi \quad \varphi}{\psi} \quad \text{（分離規則）}$$

この体系で論理式 φ が証明できること（つまり公理から出発して推論規則を何回か適用して結論 φ を導く証明図が存在すること）を $\mathcal{H}_\mathbf{C} \vdash \varphi$ と書く．

ここで，φ, ψ, ρ などは任意の論理式である．公理 (1), (2), (3) はそれぞれ単独の論理式ではなく，公理の形を表しているので，**公理型**ともよばれる．推論規則は上から下へ推論が進む（つまり，分離規則は $\varphi \rightarrow \psi$ と φ の二つから ψ を導く規則である）．

例 1.4.2　$\mathcal{H}_\mathbf{C} \vdash p \rightarrow p$ である．証明図は次のとおり．

$$\cfrac{\cfrac{\cfrac{\text{公理 (2)}}{(p \rightarrow ((q \rightarrow p) \rightarrow p)) \rightarrow ((p \rightarrow (q \rightarrow p)) \rightarrow (p \rightarrow p))} \quad \cfrac{\text{公理 (1)}}{p \rightarrow ((q \rightarrow p) \rightarrow p)}}{(p \rightarrow (q \rightarrow p)) \rightarrow (p \rightarrow p)} \quad \cfrac{\text{公理 (1)}}{p \rightarrow (q \rightarrow p)}}{p \rightarrow p}$$

◢

注意 1.4.3 $\mathcal{H}_{\mathbf{C}}$ という名称は「ヒルベルト (Hilbert) 流で公理化した古典論理 (Classical logic)」の頭文字をとって本書で勝手に付けたものである．数理論理学では $\mathcal{H}_{\mathbf{C}}$ および類似の体系のことをヒルベルト流とよぶことが多い．次章以降で $\mathcal{H}$ が付く体系もすべて同様である．なお，ヒルベルト流以外には自然演繹 (natural deduction) やシークエント計算 (sequent calculus) とよばれるスタイルの証明体系もよく知られている（それらはゲンツェン (Gentzen) 流ともよばれる）．2.9 節では様相論理のシークエント計算を紹介するが，そこから様相記号を取り除けば命題論理のシークエント計算になる．

注意 1.4.4 分離規則という名称は detachment rule の訳である．この規則は**モーダスポネンス** (modus ponens) とよばれることも多い．

$\mathcal{H}_{\mathbf{C}}$ の最も重要な性質はつぎである．

定理 1.4.5 ［**$\mathcal{H}_{\mathbf{C}}$ の健全性・完全性**］ 任意の論理式 φ について，次の 2 条件は同値である．

(1) φ はトートロジーである．
(2) $\mathcal{H}_{\mathbf{C}} \vdash \varphi$.

$(2 \Rightarrow 1)$ を $\mathcal{H}_{\mathbf{C}}$ の**健全性**といい，$(1 \Rightarrow 2)$ を $\mathcal{H}_{\mathbf{C}}$ の**完全性**という．また，広義には $(1 \Leftrightarrow 2)$ のことを $\mathcal{H}_{\mathbf{C}}$ の**完全性**という．大雑把にいえば，健全性とは「証明できるものはすべて正しい」であり，完全性とは「正しいものはすべて証明できる」である．

健全性を示すには，すべての公理がトートロジーであることと，推論規則の前提がトートロジーならば結論もトートロジーであることを示せばよく，これは慣れてしまえば自明のことである．しかし，完全性はまったく自明ではない．φ がトートロジーであるという事実から φ を導く証明図の存在がいえる，というのは驚くべきことである．

この定理 1.4.5（すなわち広義の完全性定理）は意味論的な真理と証明論的な真理の一致を示しており，これが数理論理学の出発点といってもよい．本書では，各様相論理について広義の完全性定理を示していく．

第2章 K

この章では，本書に登場するすべての**様相論理** (modal logic) の基本となる様相論理 **K** とその周辺の基本事項を説明する¶1．はじめに 2.1 節から 2.3 節までで，論理式とモデルについて丁寧に説明する．次に 2.4 節から 2.6 節までで，「証明体系の健全性・完全性」「真偽判定・恒真性判定の計算可能性」「有限モデル性」という基本性質を説明し，一部を証明する．2.7 節では，モデルの遷移関係の反射推移閉包に対応する様相記号について説明する．2.8 節では，証明体系の完全性と有限モデル性の詳細な証明を与える．これら 2.7, 2.8 節は後の章で **K** を拡張する際の議論の出発点になる．2.9 節では，**K** のシークエント計算体系を簡単に説明する．最後に 2.10, 2.11 節で，遷移関係の合流性と論理式との網羅的な関係を示し，合流性で特徴付けられる Geach 論理という一群の様相論理（**S4**, **S5** といった有名な論理を含む）の証明体系の完全性を証明する．

2.1 様相論理とは

はじめに，佐野勝彦氏による優れた説明文を引用する．

> 様相論理とは，伝統的には命題の必然性・可能性・不可能性などの様相概念を扱う論理である．例えば「p でないことは不可能である」と「p は必然的である」は同値に思えるが，「p は必然的である」を $\Box p$,「p は可能である」を $\Diamond p$ と書けばこの同値は $\neg\Diamond\neg p \leftrightarrow \Box p$ と表現できる．フレーゲ以来の現代的論理学の枠組みで様相概念の形式化を初めて行ったのは 1932 年の C. I. ルイスと C. H. ラングフォードである．しかし，その当初は意味論が整備されておらず，公理系による証明論

¶1 **K** という名称はクリプキ (S. Kripke) の頭文字に由来する．**K** について本章で省略した議論については文献 [1, 6] を，さらに進んだ話題については文献 [14] を参照してほしい．

> 研究しかなされていなかった．その後1960年代に，クリプキが初めて様相論理に関係構造・グラフ構造に基づく意味論を与え，いくつかの公理系と関係構造が満たす性質の間に対応関係が付くことを明らかにした．関係構造やグラフ構造は，関係データベースや状態遷移図などいたるところに存在するといってよい．クリプキの業績以来，様相論理はその応用範囲を大きく広げ，現在では関係構造・グラフ構造について語る単純な形式言語とみなされている．（文献 [6], 24ページ）

□と◇は**様相記号**とよばれるが，これ以外にも多くの様相記号がある．また，□・◇を「必然・可能」以外に使用することもできる．様相論理とはそのようなさまざまな様相記号をもつ論理の総称である．

様相論理一般を数学的に捉えるならば，それは上記のように関係構造について語る単純な形式言語である．一方，個別の様相論理には具体的な意味を反映したものも多い．たとえば，第3章で扱う様相論理 **CTL** はシステムの仕様を記述する枠組みを与える論理であり，第5章で扱う様相論理 **PDL** はプログラムに依存する真偽を記述できる論理である．また，そのような個別の論理でなく，論理のグループとしてはたとえば次のようなものがある．

時相論理 時間変化に伴う真偽変化を扱う様相論理のことを**時相論理** (temporal logic) と総称する（時間論理，時制論理ともよばれる）．たとえば，$\Box\varphi$ を「φ は将来にわたってずっと真であり続ける」と読む．すると，$\Box\varphi \to \Box\Box\varphi$ は「φ が将来にわたってずっと真であるならば，『φ が将来にわたってずっと真』という事実も将来にわたってずっと真であり続ける」であり，これは正しい．一方，$\neg\Box\varphi \to \Box\neg\Box\varphi$ は一般に正しくない．なぜなら，明日は φ が偽で明後日以降はずっと φ が真の場合，今日の時点で考えると $\neg\Box\varphi$ は真だが $\Box\neg\Box\varphi$ は偽だからである（$\neg\Box\varphi$ は「φ が偽な時点が将来存在する」の意味になることに注意）．代表的な時相論理の一つが **CTL** であり，第3章で詳しく説明する．

認識論理 「$\cdots$ を知っている」のような様相記号をもつ論理を**認識論理** (epistemic logic)[¶2] と総称する（知識の論理ともよばれる）．たとえば，$\Box\varphi$

¶2 認識論理の概要は文献 [30] の Epistemic Logic のページを，詳細は文献 [21] を参照．

を「太郎は φ を知っている」と読むとする．すると，$\Box\varphi \to \Box\Box\varphi$ は「太郎が φ を知っているならば，『太郎は φ を知っている』という事実を太郎は知っている」となる．また，$\neg\Box\varphi \to \Box\neg\Box\varphi$ は「太郎が φ を知らないならば，『太郎は φ を知らない』という事実を太郎は知っている」となる．太郎が完璧で合理的な思考をするならば，これらの論理式は正しいといってもよいだろう．なお，認識論理の簡単な使用例を 2.3 節で紹介する．

ここで論理式 $\Box\varphi \to \Box\Box\varphi$ は時相論理と認識論理の両方で正しいが，$\neg\Box\varphi \to \Box\neg\Box\varphi$ は認識論理だけで正しいことに注意してほしい．つまり，（当然のことであるが）様相記号の読み方に応じて真偽の線引きも異なってくるのである．

上記以外にも様相論理は無数に存在するが，それらほとんどすべての基礎となっているのが，これから説明をしていく **K** である．

2.2 論理式，状態遷移系，モデル

K の論理式は命題論理の論理式に様相記号 $\Box, \Diamond$ を追加して作られる．

定義 2.2.1 ［論理式］ 命題論理の論理式の定義 1.1.1 に次を追加する．

(3) φ が論理式ならば次の二つも論理式である．

$$(\Box\varphi), \quad (\Diamond\varphi)$$

(1)〜(3) で定義される論理式を **K 論理式**とよぶ．

本章では単に論理式といったら，それは **K** 論理式のこととする．

論理式を表記する際に，$\Box, \Diamond$ は $\neg$ と同様に結合が最も強い記号として括弧を省略する．n 個の連続した $\Box$ を $\Box^n$ と書き，n 個の連続した $\Diamond$ を $\Diamond^n$ と書く（ただし $n \geq 0$）．φ の長さ $\mathrm{Lh}(\varphi)$ とは命題論理のときと同様に φ 中の括弧を除く記号の出現数であり，φ 中の部分論理式の集合 $\mathrm{Sub}(\varphi)$ と命題変数の集合 $\mathrm{Var}(\varphi)$，および代入 $\varphi\{p{:=}\psi\}$ も命題論理のときと同様に定義される．

例 2.2.2 $\varphi = \Box p \to \Diamond\neg q \wedge p$ とする．括弧を補えば，これは $((\Box p) \to ((\Diamond(\neg q)) \wedge p))$ であり，長さ，部分論理式，代入などは次のようになる．

$$\mathrm{Lh}(\varphi) = 8$$
$$\mathrm{Sub}(\varphi) = \{\Box p,\ p,\ \Box p{\to}\Diamond\neg q{\wedge}p,\ \Diamond\neg q,\ \neg q,\ q,\ \Diamond\neg q{\wedge}p\}$$
$$\mathrm{Var}(\varphi) = \{p, q\}$$
$$\varphi\{p := q \wedge \Box p\} = \Box(q \wedge \Box p) \to \Diamond\neg q \wedge (q \wedge \Box p)$$

また，$\psi = \Box^2\Diamond^3\Box^1(p \to \Box^0 q)$ とすると，これは $\Box\Box\Diamond\Diamond\Diamond\Box(p \to q)$ であり，$\mathrm{Sub}(\psi)$ は以下の集合である．

$$\{\Box^2\Diamond^3\Box(p{\to}q), \Box\Diamond^3\Box(p{\to}q), \Diamond^3\Box(p{\to}q), \Diamond^2\Box(p{\to}q),$$
$$\Diamond\Box(p{\to}q), \Box(p{\to}q), p{\to}q, p, q\}$$

◢

注意 2.2.3 命題論理のときの演習問題 1.1.7 と同様に，任意の論理式 φ について $|\mathrm{Sub}(\varphi)| \le \mathrm{Lh}(\varphi)$ が成り立つ．

論理式の真理値を扱うための設定が，次の**状態遷移系**と，そこに付値関数を追加した **K モデル**である．

定義 2.2.4 空でない集合 S とその上の二項関係 $\rightsquigarrow$ の組 $\langle S, \rightsquigarrow\rangle$ のことを**状態遷移系**とよび，S の要素を**状態**，$\rightsquigarrow$ を**遷移関係**とよぶ．
$f : \mathbf{PropVar} \times S \to \{\mathsf{true}, \mathsf{false}\}$（つまり f が命題変数と状態をもらって真理値を返す関数である）ならば，f を**付値関数**とよび，$\langle S, \rightsquigarrow, f\rangle$ を **K モデル**とよぶ．なお S が有限集合のときには，そのことを強調する目的で「有限状態遷移系」「有限 **K** モデル」とよぶ場合もある．

注意 2.2.5 状態遷移系は**クリプキフレーム**，**K** モデルは**クリプキモデル**，S の要素は**可能世界**，$\rightsquigarrow$ は**到達可能関係**とそれぞれよばれることも多い．

注意 2.2.6 注意 1.2.4 と同様に，φ の真理値を考えるだけならば，付値関数の定義域を $\mathbf{PropVar} \times S$ ではなく $\mathrm{Var}(\varphi) \times S$ へ狭めても問題がない．このような定義域の切り替えは，**K** だけではなく今後登場するすべての論理においても，暗黙に適宜行う．

論理式の真理値は $\mathbf{K}$ モデルの状態ごとに決まる．$\mathbf{K}$ モデル M の状態 s で論理式 φ が真であることを $M, s \models \varphi$ と書き，偽であることを $M, s \not\models \varphi$ と書く．つまり，**充足関係** $\models$ は $\mathbf{K}$ モデルと状態と論理式の間の関係である．なお，$M, s \models \varphi$ のことを「M, s は φ を充足する」や「M の s で φ が成り立つ」ともいう．

$M, s \models \varphi$ の成否は φ の構成に従って以下のように定義される．なお，以下の定義 2.2.7 の (1)〜(8) は命題論理のときの定義 1.2.3 の (1)〜(8) と同じ形をしている．つまり，$\mathbf{K}$ モデルの各状態における $\Box, \Diamond$ 以外の真理値は命題論理と同じ方法で定まる．

定義 2.2.7［充足関係］ $M = \langle S, \rightsquigarrow, f \rangle$ のとき関係 $\models$ を以下で定める．

(1) $f(p, s) = \mathsf{true}$ ならば $M, s \models p$．$f(p, s) = \mathsf{false}$ ならば $M, s \not\models p$．
(2) $M, s \models \top$．
(3) $M, s \not\models \bot$．
(4) $M, s \models \neg\varphi \iff M, s \not\models \varphi$．
(5) $M, s \models \varphi \wedge \psi \iff M, s \models \varphi$ かつ $M, s \models \psi$．
(6) $M, s \models \varphi \vee \psi \iff M, s \models \varphi$ または $M, s \models \psi$．
(7) $M, s \models \varphi \to \psi \iff M, s \not\models \varphi$ または $M, s \models \psi$．
(8) $M, s \models \varphi \leftrightarrow \psi \iff (M, s \models \varphi$ かつ $M, s \models \psi)$ または $(M, s \not\models \varphi$ かつ $M, s \not\models \psi)$．
(9) $M, s \models \Box\varphi \iff s \rightsquigarrow t$ となる任意の t に対して $M, t \models \varphi$．（$s \rightsquigarrow t$ となる t が存在しない場合は $M, s \models \Box\varphi$ である）
(10) $M, s \models \Diamond\varphi \iff s \rightsquigarrow t$ となる t が存在して $M, t \models \varphi$．

なお，M が文脈から明らかな場合は M を省略して $s \models \varphi$ や $s \not\models \varphi$ と書いてもよい．

例 2.2.8 図 2.1 は $\mathbf{K}$ モデルの例である．状態は $1, 2, \ldots, 6$ で，矢印のある状態間でだけ遷移関係 $\rightsquigarrow$ が成り立ち，p の表示のある状態だけで p が真である．状態 1 から 1 ステップで遷移可能なすべての状態を列挙すると $2, 5, 6$ だが，このことを $1 \rightsquigarrow \{2, 5, 6\}$ と書くことにする．すると次がいえる．

$1 \models \Box p \wedge \Diamond p$ （なぜなら $1 \rightsquigarrow \{2, 5, 6\}$, かつ $2, 5, 6 \models p$ だから）.
$2 \models \neg\Box p \wedge \neg\Diamond p$ （なぜなら $2 \rightsquigarrow \{1, 3\}$, かつ $1, 3 \models \neg p$ だから）.
$3 \models \neg\Box p \wedge \Diamond p$ （なぜなら $3 \rightsquigarrow \{2, 3\}$, $2 \models p$, かつ $3 \not\models p$ だから）.
$1, 2, 3, 4, 5 \models \neg\Box(p\wedge\neg p)$ （なぜなら $p\wedge\neg p$ はどの状態でも成り立たないから）.
$6 \models \Box(p\wedge\neg p)$ （なぜなら $6 \rightsquigarrow \{\}$ だから）.
任意の正整数 n に対して $5 \models \Diamond^n\Box(p\wedge\neg p)$ （なぜなら $5 \rightsquigarrow \{5, 6\}$ だから）.

◢

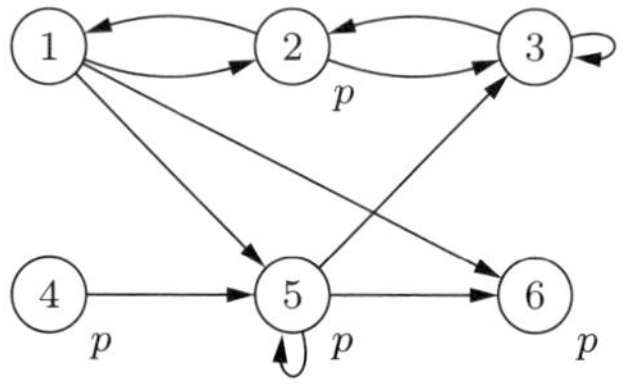

図 2.1 **K** モデルの例

注意 2.2.9 $\Box^n$ や $\Diamond^n$ はそれぞれ「n ステップ遷移」に対応する．正確には次のようになる．まず，二項関係 $\rightsquigarrow$ で s から t へ n ステップ（ただし $n \geq 0$）で遷移できることを $s \rightsquigarrow^n t$ と書く．つまり，次のようになる．

$$s \rightsquigarrow^0 t \iff s = t$$

$$s \rightsquigarrow^1 t \iff s \rightsquigarrow t$$

$$s \rightsquigarrow^{k+1} t \iff {}^\exists u_1 {}^\exists u_2 \cdots {}^\exists u_k (s \rightsquigarrow u_1 \rightsquigarrow u_2 \rightsquigarrow \cdots \rightsquigarrow u_k \rightsquigarrow t)$$

（ただし $k \geq 1$）

すると，次が成り立つ．

(1) $s \models \Box^n\varphi \iff s \rightsquigarrow^n t$ となる任意の t に対して $t \models \varphi$.
(2) $s \models \Diamond^n\varphi \iff s \rightsquigarrow^n t$ となる t が存在して $t \models \varphi$.

演習問題 2.2.10 上の (1) と (2) が成り立つことを確認せよ．

2.3　モデルの実例

K モデルはいろいろな意味を表現することができる．ここでは，小さい（状態が三つしかない）ながらも具体的な意味をもつ **K** モデルを二つ例示する．

例 2.3.1　電源ボタン (P) とスタートボタン (S) だけがある機械を考える．これは次のような動きをする．P を押すたびに電源のオン／オフが切り替わる．電源オンのときには S を押すたびに作動中／停止中が切り替わる．電源オフのときには S を押しても作動しない．作動中に P を押すと電源オフになり停止する．この機械の動きを表したのが図 2.2 である．状態は 1,2,3 の三つで，P が付いた矢印は電源ボタンを押すことによる状態遷移，S が付いた矢印はスタートボタンを押すことによる状態遷移である．状態の下の $p, \neg p, s, \neg s$ はそれぞれ「電源オン」「電源オフ」「作動中」「停止中」を意味する．つまり，たとえば状態 2 は電源オンで停止中であり，ここで P を押せば状態 1 に移り，P でなく S を押せば状態 3 に移る．

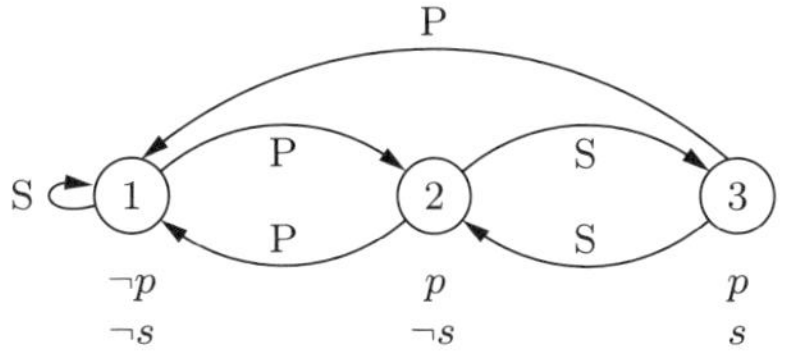

図 2.2　機械動作のモデル

これを **K** モデルとして扱うならば，矢印についた P,S は無視し，p を「電源オン」を意味する命題変数，s を「作動中」を意味する命題変数とする．$\Box\varphi$ は「どのボタンを 1 回押しても φ が成り立つ」，$\Diamond\varphi$ は「あるボタンを 1 回押せば φ が成り立つ」の意味になる．たとえば論理式 α, β を

$$\alpha = \neg s \to \Diamond s, \qquad \beta = \Box\Diamond\alpha = \Box\Diamond(\neg s \to \Diamond s)$$

とすると，これはそれぞれ次を意味している．

- α: 停止中ならば，ボタンをうまく選んで 1 回押せば作動させることができる．
- β: どのボタンを 1 回押しても，その後にボタンをうまく選んで 1 回押せば，そこで停止中ならばさらにボタンをうまく選んで 1 回押せば作動させることができる．

すると，α は状態 2 と 3 では真だが，1 では偽である（これを確認してほしい）．一方，β はすべての状態で真である（どの状態からも状態 2 または状態 3 へ，1 回の遷移で到達できるので）．この β のように文章で書くと長く複雑な条件でも，論理式ならば簡潔に書くことができ，正確に分析できる．◢

注意 2.3.2　この機械動作モデルは第 3 章の **CTL** の説明でも使用される．**CTL** では $\Box$, $\Diamond$ 以外の様相記号がいくつか加わり（たとえば「どんな順番で何回ボタンを押してもいつかは成り立つ」という意味の記号など），複雑な意味の論理式が書けるようになる．

例 2.3.3　「他人の帽子は見えるが自分の帽子は見えない登場人物が各自の帽子の色を推測する」という状況の分析は，バリエーションの多い論理パズルとして知られている．その中で最も単純な問題を考える．

問題　ある部屋に花子と太郎だけがいる．両者とも帽子をかぶっており，それぞれ他人の帽子は見えるが自分の帽子の色は見えず，最初は自分の帽子の色を知らない．帽子の色は赤か白で少なくとも一人は赤い帽子をかぶっている，という条件があり，それは全員の前提知識である．太郎が「自分の帽子の色がわからない」と言った．花子の帽子は赤か？白か？

正解　花子の帽子は赤．なぜなら，もし花子の帽子が白ならばそれを見た太郎は「自分の帽子は赤」とわかるはずである（条件から「どちらも白」は不可能なので）．しかし，太郎は自分の帽子の色をわからないと言った．これはすなわち，花子の帽子は赤ということである．

正解はこのように文章で説明することができるが，別の方法として図 2.3 の **K** モデルで正解を説明する．

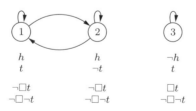

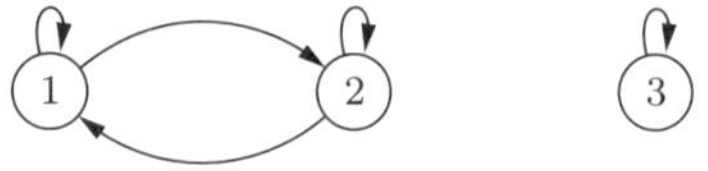

1	2	3
h	h	$\neg h$
t	$\neg t$	t
$\neg\Box t$	$\neg\Box t$	$\Box t$
$\neg\Box\neg t$	$\neg\Box\neg t$	$\neg\Box\neg t$

図 2.3　帽子パズルのモデル

h, t をそれぞれ「花子の帽子は赤」「太郎の帽子は赤」を意味する命題変数とする．少なくとも一人は赤という条件があるので，可能性のある状態は次の三つである．

1: 両者が赤．つまり h かつ t.
2: 花子だけ赤．つまり h かつ $\neg t$.
3: 太郎だけ赤．つまり $\neg h$ かつ t.

遷移関係 $\rightsquigarrow$ は花子の帽子が同色になっている状態間すべてで成り立ち，それ以外で成り立たないように定める．すると，$i \rightsquigarrow j$ は次を意味することになる（ただし $i, j \in \{1, 2, 3\}$）．

> 状態 i のときに，太郎の知識では「状態が j である可能性」を排除できない．

なぜなら，i と j に違いがあるとしてもそれは太郎からは見えない自分の帽子の色だけの違いなので，太郎は i と j を区別できないからである．たとえば状態が 1 の場合は，太郎の立場では状態 1 と状態 2 の両方の可能性があり，どちらかに確定できない（状態 3 でないことは確定できる）．

以上の設定のもとで論理式 $\Box\varphi$ は「太郎は φ を知っている」という意味になる．なぜなら，$\Box\varphi$ が状態 i で真ということは「$i \rightsquigarrow j$ なるすべての j で φ は真」であるが，これはすなわち，太郎から見て可能性のあるすべての状態で φ が真なので，太郎は実際の状態を確定できなくても少なくとも φ が真であることだけは確定できるからである．

ところで，下記の論理式はすべての状態で真である（図 2.3 の各状態の下に書かれた $\Box t$, $\neg\Box t$, $\neg\Box\neg t$ がその状態で真であることを確認し，それを用いて下記の論理式がすべての状態で真であることを確認してほしい）．

$$(\neg\Box t \wedge \neg\Box\neg t) \to h$$

この論理式は「太郎が自分の帽子が赤であることも赤でないこともわからないのならば，花子の帽子は赤である」を意味しており，これがどの状態でも真である，というのがこの問題の正解の説明である．◢

上記が2.1節で予告した認識論理の使用例である．このパズルは単純なので，文章による正解説明のほうが認識論理を使った説明よりも簡単であるが，複雑な例になると **K** モデルと論理式の真価が発揮される（そこでは登場人物ごとの様相記号 $\Box_{\text{太郎}}, \Box_{\text{花子}}$ やその他の様相記号を用いることになる）¶3．

2.4 恒真

命題論理におけるトートロジーと同様に，**K** においては **K** 恒真というものが基本的で重要な概念になる．

> **定義 2.4.1［K 恒真，K 同値，K 充足可能］** φ が **K 恒真**であるとは，任意の **K** モデル M とその中の任意の状態 s に対して $M, s \models \varphi$ となることである．φ と ψ が **K 同値**であるとは，任意の **K** モデル M とその中の任意の状態 s に対して $M, s \models \varphi \iff M, s \models \psi$ となることである．φ が **K 充足可能**であるとは，ある **K** モデル M とその中のある状態 s が存在して $M, s \models \varphi$ となることである（このような M のことを φ を充足するモデルという）．

例 2.4.2 $\varphi \vee \neg\varphi$ は **K** 恒真である．なぜなら，任意の **K** モデルの任意の状態 s で $s \models \varphi$ か $s \not\models \varphi$ のどちらかではあるので，充足関係の定義により $s \models \varphi \vee \neg\varphi$ になる．同様に，トートロジーの形の **K** 論理式（定義 1.2.13 参照）はすべて **K** 恒真である．◢

例 2.4.3 $\Box(\varphi \wedge \psi) \to \Box\varphi \wedge \Box\psi$ は **K** 恒真である．これは次のように示される．**K** モデル $\langle S, \rightsquigarrow, f \rangle$ と $s \in S$ を任意にとる．充足関係の定義に従えば $s \models \Box(\varphi \wedge \psi) \to \Box\varphi \wedge \Box\psi$ を示すためには，(1) $s \models \Box(\varphi \wedge \psi)$ を仮定して，(2) $s \models \Box\varphi$ と (3) $s \models \Box\psi$ を示せばよい．仮定 (1) から $s \rightsquigarrow t$ なる任意の t に対して $t \models \varphi \wedge \psi$ が成り立つ．したがって，(4) $t \models \varphi$ と (5) $t \models \psi$ が成り立つ．すなわち，$s \rightsquigarrow t$ なる任意の t に対して (4), (5) が成り立つので，(2), (3) が成り立つ（図 2.4 参照）．◢

¶3 たとえば，文献 [6] ではもっと複雑なパズルが説明されている．

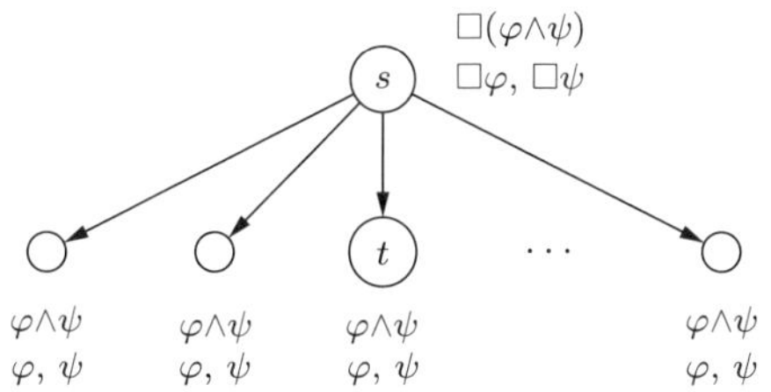

図 2.4 $\Box(\varphi \wedge \psi) \to \Box\varphi \wedge \Box\psi$ が **K** 恒真であることの図解

例 2.4.4 $\varphi \to \Box\varphi$ は一般に **K** 恒真ではない．なぜなら $\varphi = p$ としたとき，図 2.1 の状態 2 でこの論理式が成り立たない． ◢

演習問題 2.4.5

(1) $\Box\varphi$ と $\neg\Diamond\neg\varphi$ が **K** 同値であることを示せ．また，$\Diamond\varphi$ と $\neg\Box\neg\varphi$ が **K** 同値であることを示せ．

(2) 任意の **K** モデルの任意の状態 s で次が成り立つことを示せ．

もし $s \models \varphi \to \psi$ かつ $s \models \varphi$ ならば，$s \models \psi$.

(3) $\Box(\varphi \to \psi) \to (\Box\varphi \to \Box\psi)$ が **K** 恒真であることを示せ．

(4) 任意の **K** モデル M で次が成り立つことを示せ．

もし M のすべての状態で φ が真ならば，M のすべての状態で $\Box\varphi$ も真である．

（注意：例 2.4.4 で示されているように，「M の任意の状態で『φ が真ならば $\Box\varphi$ も真』」は一般に成り立たない．）

(5) $\Box\varphi \to \Box\Box\varphi$ は一般に **K** 恒真でないことを示せ．しかし，もし遷移関係が推移性（$s \rightsquigarrow t \rightsquigarrow u$ ならば $s \rightsquigarrow u$）を満たすならば，この論理式はすべての状態で真になることを示せ．

(6) 次の 2 条件 (A) と (B) が同値であることを示せ．

(A) φ と ψ は **K** 同値である．

(B) $\varphi \leftrightarrow \psi$ は **K** 恒真である．

(7) 次の 2 条件 (A) と (B) が同値であることを示せ．

(A) φ は **K** 充足可能である．

(B) $\neg\varphi$ は **K** 恒真でない．

命題論理のときの定理 1.2.11 と同様に，次が成り立つ．

定理 2.4.6 α と β が $\mathbf{K}$ 同値ならば，$\varphi\{p{:=}\alpha\}$ と $\varphi\{p{:=}\beta\}$ も $\mathbf{K}$ 同値である．

［証明］ α と β が $\mathbf{K}$ 同値であることを仮定して，任意の $\mathbf{K}$ モデルとその中の任意の状態 s に対して $s \models \varphi\{p{:=}\alpha\} \iff s \models \varphi\{p{:=}\beta\}$ となることを，φ の構成に関する帰納法で示す．φ が $\Box\psi$ の場合は次のようにできる．

$$s \models \Box\psi\{p{:=}\alpha\} \iff (s \rightsquigarrow^{\forall} t)(t \models \psi\{p{:=}\alpha\})$$
$$\overset{\text{帰納法の仮定}}{\iff} (s \rightsquigarrow^{\forall} t)(t \models \psi\{p{:=}\beta\}) \iff s \models \Box\psi\{p{:=}\beta\}$$

φ が $\Diamond\psi$ の場合も同様であり，その他の場合は定理 1.2.11 の証明と同様に示せる．■

注意 2.4.7 この定理から次のことがいえる．$\mathbf{K}$ モデルにおける論理式の真理値を議論しているときには，論理式中の一部分をその部分と $\mathbf{K}$ 同値な論理式に置き換えてもよい．さらに，今後本書に登場するどんな論理でも，論理式の真理値の定義が同様な形で与えられているならば同様な性質が成り立つ．そこで，このような論理式の一部分の置き換えは，$\mathbf{K}$ だけでなく，今後本書に登場するすべての論理において暗黙に適宜行う．

2.5 基本性質

本書の各章では，各様相論理 L（ただし $L = \mathbf{K}, \mathbf{CTL},$ 様相ミュー計算$, \mathbf{PDL}$）に対して，

- 証明体系の健全性・完全性
- 真偽の計算可能性
- 恒真性の計算可能性
- 有限モデル性

という数学的に重要な基本性質を示していく．これらの定義は次のとおりである．

定義 2.5.1 ［基本性質］

- $\mathcal{H}_L$ は L 論理式を導く証明体系とする．このとき，次の2条件を考える．

(1) φ は L 恒真である．
(2) $\mathcal{H}_L$ で φ を証明できる．

「任意の L 論理式 φ に対して $(2 \Rightarrow 1)$ が成り立つ」ということを $\mathcal{H}_L$ の（L に対する）**健全性** (soundness) といい，「任意の L 論理式 φ に対して $(1 \Rightarrow 2)$ が成り立つ」ということを $\mathcal{H}_L$ の（L に対する）**完全性** (completeness) という．なお，$(1 \Leftrightarrow 2)$ のことを広義に完全性ということもある．

- **有限** L モデル M とその中の状態 s と L 論理式 φ が与えられて「$M, s \models \varphi$ か否か？」を判定する問題を，L の**真偽判定問題**とよぶ（M を有限モデルに限るのは注意 1.3.4 で説明したのと同じ理由による）．L の**真偽の計算可能性**という言葉はこの問題の計算可能性を指す．
- L 論理式 φ が与えられて「φ は L 恒真か否か？」を判定する問題を，L の**恒真性判定問題**とよぶ．L の**恒真性の計算可能性**という言葉はこの問題の計算可能性を指す．
- 次の 2 条件は同じことを主張しており，この性質を L の**有限モデル性** (finite model property) とよぶ．

(A) 任意の L 論理式 φ に対して次が成り立つ．φ が L 充足可能ならば，φ はある有限 L モデルで充足される．
(B) 任意の L 論理式 φ に対して次が成り立つ．φ が L 恒真でないならば，ある有限 L モデルとその中のある状態で φ が偽になる．

本書では有限モデル性は (B) の形で示していく．しかも単に有限というだけでなく，状態数の上限を論理式の長さから計算する方法も明示する．つまり，計算可能関数 g を定めたうえで次を示す．

φ が L 恒真でないならば，状態数が $g(\mathrm{Lh}(\varphi))$ 以下のある L モデルとその中のある状態で φ が偽になる．

このような状態数の計算方法付きの有限モデル性（**小モデル性** (small model property) ともいう）は，後で示すように恒真性の計算可能性を導く重要な道具になる．

各 L について基本性質は次の順番で証明される.

(1) 真偽の計算可能性.
(2) 証明体系の健全性.
(3) 証明体系の完全性と有限モデル性.
(4) 恒真性の計算可能性.

以下では **K** についてこの流れで議論を行う.

定理 2.5.2 ［K の真偽の計算可能性］　**K** の真偽判定問題は計算可能である.

［証明］　有限 **K** モデルとその中の一つの状態と論理式が与えられたとき，その真偽を求めるには，充足関係の定義 2.2.7 に沿って論理式をばらしながら（$\Box$ や $\Diamond$ のときには遷移可能な状態すべてに対して）調べていけばよい．論理式は有限の長さで，遷移先の状態も有限個なので（有限モデルなので），この計算は有限の手間で終了する.

■

次に **K** の証明体系を導入する．その際には記号が少ないほうが議論が見やすいので，以下では様相記号は $\Box$ だけにして $\Diamond\varphi$ は $\neg\Box\neg\varphi$ の省略形とする（演習問題 2.4.5(1) 参照）.

定義 2.5.3 ［体系 $\mathcal{H}_{\mathbf{K}}$］　$\mathcal{H}_{\mathbf{K}}$ は **K** 論理式を導出する体系で，以下の公理と推論規則からなる.

公理	トートロジーの形[¶4] の **K** 論理式	**（トートロジー公理）**
	$\Box(\varphi \to \psi) \to (\Box\varphi \to \Box\psi)$	**（K 公理）**
推論規則	$\dfrac{\varphi \to \psi \quad \varphi}{\psi}$	**（分離規則）**
	$\dfrac{\varphi}{\Box\varphi}$	**（$\Box$ 規則）**

この体系で論理式 φ が証明できることを $\mathcal{H}_{\mathbf{K}} \vdash \varphi$ と書く.

¶4　定義 1.2.13 参照.

注意 2.5.4 □ 規則は必然化 (necessitation) や普遍化 (generalization) とよばれることも多い.

例 2.5.5 $\mathcal{H}_{\mathbf{K}} \vdash \Box(\varphi \wedge \psi) \to \Box\varphi \wedge \Box\psi$ である（この論理式は **K** 恒真であることが例 2.4.3 で示されている）. 証明は次のようになる. なお以下では, 連続する $\to$ の括弧は右閉じで省略, つまり $A \to B \to C = A \to (B \to C)$ であり,「分」は分離規則である.

$$\mathcal{A} = \dfrac{\dfrac{\text{K 公理}}{\Box(\varphi\wedge\psi\to\varphi)\to\Box(\varphi\wedge\psi)\to\Box\varphi} \qquad \dfrac{\dfrac{\text{トートロジー公理}}{\varphi\wedge\psi\to\varphi}}{\Box(\varphi\wedge\psi\to\varphi)}\,\Box}{\Box(\varphi\wedge\psi)\to\Box\varphi}\,\text{分}$$

$$\dfrac{\dfrac{\dfrac{\text{トートロジー公理}}{(\Box(\varphi\wedge\psi)\to\Box\varphi) \to (\Box(\varphi\wedge\psi)\to\Box\psi) \to \Box(\varphi\wedge\psi)\to\Box\varphi\wedge\Box\psi} \qquad \begin{array}{c}\vdots\ \mathcal{A}\\ \Box(\varphi\wedge\psi)\to\Box\varphi\end{array}}{(\Box(\varphi\wedge\psi)\to\Box\psi) \to \Box(\varphi\wedge\psi)\to\Box\varphi\wedge\Box\psi}\,\text{分} \qquad \begin{array}{c}\vdots\ \mathcal{A}\text{ と類似}\\ \Box(\varphi\wedge\psi)\to\Box\psi\end{array}}{\Box(\varphi\wedge\psi)\to\Box\varphi\wedge\Box\psi}\,\text{分}$$

◢

注意 2.5.6 一般に, 証明体系には「任意に与えられた論理式が公理であるか否かの判定」が計算可能であることが要請されるが, $\mathcal{H}_{\mathbf{K}}$ は実際にそれを満たしている. なぜなら, **K** 公理は 1 個の公理型なので, これに当てはまる論理式であるか否かの判定は計算可能であり, トートロジー公理の判定の計算可能性は定理 1.3.6 で示されているからである. なお, 公理型を有限個にしたければ, トートロジー公理の代わりに命題論理のヒルベルト流証明体系の有限個の公理型（記号を $\neg, \to$ だけに制限した場合の公理型は定義 1.4.1 にあり, 記号が増えた場合の有限個の公理型も知られている ¶5）を採用すればよい.

定理 2.5.7 ［$\mathcal{H}_{\mathbf{K}}$ の健全性・完全性］ 任意の論理式 φ について, 次の 2 条件は同値である.

(1) φ は **K** 恒真である.

(2) $\mathcal{H}_{\mathbf{K}} \vdash \varphi$.

［証明］ 健全性 ($2 \Rightarrow 1$) を示すには, $\mathcal{H}_{\mathbf{K}}$ の公理がすべて **K** 恒真であることと,

¶5 たとえば, 文献 [3] の第 8 章や文献 [10] の第 7 章などを参照.

$\mathcal{H}_{\mathbf{K}}$ の推論規則がすべて **K** 恒真性を保存することを示せばよい．これらは例 2.4.2 と演習問題 2.4.5 の (2)〜(4) を用いて示される．完全性 $(1 \Rightarrow 2)$ の証明については 2.6 節および 2.8 節で説明する． ■

定理 2.5.8 ［K の有限モデル性］ φ が **K** 恒真でないならば，状態数が $2^{\mathrm{Lh}(\varphi)}$ 以下のある **K** モデルのある状態で φ が偽になる．

［証明］ 2.6 節および 2.8 節で完全性と一緒に証明される． ■

定理 2.5.9 ［K の恒真性の計算可能性］ **K** の恒真性判定問題は計算可能である．

［証明］ 恒真性判定アルゴリズムの概要を述べる．入力として φ が与えられたら，まず「状態数は $2^{\mathrm{Lh}(\varphi)}$ 以下，かつ付値関数の定義域は $\mathrm{Var}(\varphi)$」という条件を満たす **K** モデル（これは同型を除いて有限個しかない）をすべて列挙する．さらに，それら各モデルの中の各状態での φ の真偽を計算する（定理 2.5.2 を用いる）．この過程で φ を偽にするモデルと状態が一組でも見つかれば φ は **K** 恒真でなく，この範囲で見つからなければ φ は **K** 恒真である．これが正しい答えであることは定理 2.5.8 で保証される． ■

注意 2.5.10 本書では充足可能性の判定問題にはとくに言及しないが，恒真性判定が計算可能ならば充足可能性判定も計算可能である．なぜなら演習問題 2.4.5(7) により，「φ が **K** 充足可能か／否か」を判定するには「$\neg\varphi$ が **K** 恒真でないか／あるか」を判定すればよく，これは他の論理でも同様だからである．

2.6 カノニカルモデルによる完全性の証明

様相論理の証明体系の完全性を示す方法はいくつかあるが，カノニカルモデルというものを用いる証明が一般的に広く知られている．そこで，本節では $\mathcal{H}_{\mathbf{K}}$ の完全性をこの方法で説明する．ただし，別の方法による詳細な証明を 2.8 節で与えるので，本節では概略だけを説明する¶6．なお，完全性定理の証明を知

¶6 本節の内容の詳細については文献 [1,6] などを参照してほしい．

る必要がない読者は，本節を読み飛ばしても大きな支障はない．

以下では，Γ は論理式の任意の集合（有限集合でも無限集合でもよい）とする．はじめにいくつか定義を与える．

定義 2.6.1 ［**K 充足可能**］ Γ が **K 充足可能**であるとは，ある **K** モデル M とその中のある状態 s が存在して，Γ のすべての要素 γ に対して $M, s \models \gamma$ となることである．このような M のことを Γ を充足するモデルという．

注意 2.6.2 単独の論理式の **K** 充足可能性は 2.4.1 で定義されているが，上の定義はそれを論理式集合に拡張したものである．なお，これは「Γ のすべての要素が **K** 充足可能」よりも強い条件であることに注意してほしい．

定義 2.6.3 ［$\boldsymbol{\mathcal{H}_{\mathbf{K}}}$ **矛盾，** $\boldsymbol{\mathcal{H}_{\mathbf{K}}}$ **無矛盾，極大** $\boldsymbol{\mathcal{H}_{\mathbf{K}}}$ **無矛盾**］

(1) Γ が $\boldsymbol{\mathcal{H}_{\mathbf{K}}}$ **矛盾**するとは，Γ のある有限個の要素 $\gamma_1, \gamma_2, \ldots, \gamma_n$ （ただし $n \geq 1$）が存在して $\mathcal{H}_{\mathbf{K}} \vdash \neg(\gamma_1 \wedge \gamma_2 \wedge \cdots \wedge \gamma_n)$ となることである．Γ が $\boldsymbol{\mathcal{H}_{\mathbf{K}}}$ **無矛盾**であるとは，Γ が $\mathcal{H}_{\mathbf{K}}$ 矛盾しないことである．

(2) Γ が**極大** $\boldsymbol{\mathcal{H}_{\mathbf{K}}}$ **無矛盾**であるとは，次の 2 条件が成り立つことである．

– Γ は $\mathcal{H}_{\mathbf{K}}$ 無矛盾である．
– どんな論理式 φ についても $\varphi \in \Gamma$ または $\neg\varphi \in \Gamma$ が成り立つ．

注意 2.6.4

(1) $\mathcal{H}_{\mathbf{K}}$ 矛盾の直観的な意味は「Γ のいくつかの有限個の要素から矛盾 ($\bot$) が導かれることが $\mathcal{H}_{\mathbf{K}}$ で証明できる」である．$\neg(\gamma_1 \wedge \gamma_2 \wedge \cdots \wedge \gamma_n)$ は $(\gamma_1 \wedge \gamma_2 \wedge \cdots \wedge \gamma_n) \to \bot$ と同値であることに注意．

(2) 極大 $\mathcal{H}_{\mathbf{K}}$ 無矛盾集合を次のように定義してもよい：「$\mathcal{H}_{\mathbf{K}}$ 無矛盾な集合全体の中で $\supseteq$ の意味で極大なもの，つまり $\mathcal{H}_{\mathbf{K}}$ 無矛盾であるがそれにどんな論理式を新たに一つ付け加えても $\mathcal{H}_{\mathbf{K}}$ 矛盾してしまう集合」．これが定義 2.6.3(2) と同値な定義であることを示すことは，それほど難しくはない．

定義 2.6.5 [$\mathcal{H}_{\mathbf{K}}$ のカノニカルモデル] 次のモデル $C_{\mathcal{H}_{\mathbf{K}}} = \langle S, \rightsquigarrow, f \rangle$ を $\mathcal{H}_{\mathbf{K}}$ の**カノニカルモデル**という.

- $S = \{\Omega \mid \Omega$ は極大 $\mathcal{H}_{\mathbf{K}}$ 無矛盾な論理式集合$\}$.
- $\Omega \rightsquigarrow \Omega' \iff (^{\forall}\varphi)(\Box\varphi \in \Omega$ ならば $\varphi \in \Omega')$.
- $f(p, \Omega) = \mathsf{true} \iff p \in \Omega$.

次の定理は完全性などのさまざまな性質を導く重要なものであり，カノニカルモデルを使って証明される.

定理 2.6.6 [$\mathcal{H}_{\mathbf{K}}$ のモデル存在定理] 任意の論理式集合 Γ について，次の2条件は同値である.

(1) Γ は $\mathcal{H}_{\mathbf{K}}$ 無矛盾である.

(2) Γ は $\mathbf{K}$ 充足可能である.

[証明] $(2 \Rightarrow 1)$ は対偶が $\mathcal{H}_{\mathbf{K}}$ の健全性（定理 2.5.7 の $(2 \Rightarrow 1)$）を用いて示される.

$(1 \Rightarrow 2)$ は $\mathcal{H}_{\mathbf{K}}$ のカノニカルモデル $C_{\mathcal{H}_{\mathbf{K}}}$ が Γ を充足することを示せばよい．以下では，その証明の概略だけを記す.

任意の論理式 φ と任意の極大 $\mathcal{H}_{\mathbf{K}}$ 無矛盾集合 Ω に対して次が成り立つ.

$$C_{\mathcal{H}_{\mathbf{K}}}, \Omega \models \varphi \iff \varphi \in \Omega \tag{2.1}$$

これは極大 $\mathcal{H}_{\mathbf{K}}$ 無矛盾集合の性質などを用いて φ の構成に関する帰納法で証明される．一方，次も示すことができる.

Γ が $\mathcal{H}_{\mathbf{K}}$ 無矛盾ならば，$\Gamma^+ \supseteq \Gamma$ となる極大 $\mathcal{H}_{\mathbf{K}}$ 無矛盾集合 Γ^+ が存在する. (2.2)

そして，定理の前提 (1) と上の性質 (2.1) と (2.2) から，モデル $C_{\mathcal{H}_{\mathbf{K}}}$ の状態 Γ^+ で Γ が充足されることがいえる. ■

モデル存在定理を用いて，$\mathcal{H}_{\mathbf{K}}$ の完全性は次のように示される.

[定理 2.5.7 の (1 ⇒ 2) の証明] 対偶を示す．$\mathcal{H}_{\mathbf{K}} \nvdash \varphi$ ならば $\{\neg\varphi\}$ は $\mathcal{H}_{\mathbf{K}}$ 無矛盾である（もしも $\mathcal{H}_{\mathbf{K}} \vdash \neg\neg\varphi$ ならば $\mathcal{H}_{\mathbf{K}} \vdash \varphi$ なので）．したがって，モデル存在定理 2.6.6 によって $\neg\varphi$ を充足するモデルがあり，すなわち φ は $\mathbf{K}$ 恒真でない． ■

有限モデル性は次のように示される．

［**定理 2.5.8 の証明**］ 概略だけ説明する．φ が $\mathbf{K}$ 恒真でないとすると，健全性（定理 2.5.7 の (2 ⇒ 1)）によって $\mathcal{H}_{\mathbf{K}} \nvdash \varphi$ であり，上記の完全性によって φ を偽にするモデル（カノニカルモデル $C_{\mathcal{H}_{\mathbf{K}}}$）が存在する．しかし，$C_{\mathcal{H}_{\mathbf{K}}}$ は無限モデルである．そこで，$C_{\mathcal{H}_{\mathbf{K}}}$ の状態全体を適切な同値関係で割って状態数が $2^{\mathrm{Lh}(\varphi)}$ 以下のモデルを作る（このようにして無限モデルから有限モデルを作る方法は**濾過法**とよばれている）． ■

注意 2.6.7 上記の完全性定理の証明に使うためだけならば，モデル存在定理 2.6.6 の Γ は有限集合（とくに単元集合）でよい．また，有限モデル性の証明では無限モデルを作ってそれを濾過して有限モデルを作るという二度手間をかけたが，最初から必要最小限の有限モデルを構成することもできる（そのような構成は 2.8 節で行う）．この二つの意味ではカノニカルモデルによる手法には無駄がある．一方，カノニカルモデルがまったく無駄なく活躍する場面も多い．たとえば，$\mathbf{K}$ の重要な性質である**コンパクト性**（定理 2.6.8）や**強完全性**（注意 2.6.9）の証明には，無限集合を扱うモデル存在定理が必須である．また，2.10 節で示すように，モデルの遷移関係の合流性で特徴付けられる無数の様相論理の証明体系の完全性が，カノニカルモデルを使うことで一気に簡単に証明できる．

定理 2.6.8［K のコンパクト性定理］ Γ を論理式の無限集合とする．もし Γ の任意の有限部分集合が $\mathbf{K}$ 充足可能ならば，Γ 自身も $\mathbf{K}$ 充足可能である．

［**証明**］ $\mathcal{H}_{\mathbf{K}}$ 矛盾の定義から，「Γ が $\mathcal{H}_{\mathbf{K}}$ 無矛盾」と「Γ の任意の有限部分集合が $\mathcal{H}_{\mathbf{K}}$ 無矛盾」という 2 条件が同値であることは簡単にわかる．したがって，モデル存在定理 2.6.6 から題意が得られる． ■

注意 2.6.9 詳細は省略するが，強完全性はその名のとおり完全性を強めた性質であり，モデル存在定理と密接に関係している．なお，$\mathcal{H}_{\mathbf{K}}$ は強完全性を満たすが，**CTL**，様相ミュー計算，**PDL** の証明体系は強完全性を満たさない．

2.7 $\Box^*$ の追加

K をベースにして他の様相論理を作る方法には

(1) $\Box, \Diamond$ 以外の様相記号を加える
(2) 遷移関係に条件を付けるなどしてモデルの定義を変える

という二つの方向があり，目的に応じてこの 2 方向を適切に組み合わせてさまざまな様相論理が作られている．この節では (1) のうちとくに後の章に深く関わる例を紹介する．(2) の典型例としては **S4** や **S5** といった様相論理が有名であるが，それについては 2.10 節で説明する．

定義 2.7.1 ［**K***］ **K** に様相記号 $\Box^*$ を追加してモデル上で次のように真偽を定める論理を $\mathbf{K}^*$ とよぶ．

$$M, s \models \Box^* \varphi \iff ({}^\forall n \geq 0)({}^\forall t)(s \leadsto^n t \text{ ならば } M, t \models \varphi)$$

つまり，$\Box^*$ は「複数ステップの遷移で到達可能なすべての状態で真」を表す様相記号である（ただし複数ステップといった場合は 0 ステップや 1 ステップも含む）．この後の章に登場する **CTL**，様相ミュー計算，**PDL** はすべて $\Box^*$ と同じ働きの様相記号をもっている（あるいは $\Box^*$ を定義できる）．したがって，$\mathbf{K}^*$ はそれらの様相論理へ向けて **K** を拡張する第一歩であるともいえる．

$\mathbf{K}^*$ での恒真性と充足可能性は **K** のときと同様に定義されるが，この節では「$\mathbf{K}^*$ 恒真，$\mathbf{K}^*$ 充足可能」を単に「恒真，充足可能」と書く．

例 2.7.2 $\varphi \land \Box^*(\varphi \to \Box\varphi) \to \Box^*\varphi$ は恒真である．このことは次のように示される．$s \models \varphi \land \Box^*(\varphi \to \Box\varphi)$ を仮定すると，以下が任意の $n \geq 0$ に対して成り立つことが n に関する数学的帰納法で示される．

$$s \leadsto^n t \text{ ならば } t \models \varphi$$

そして，これから $s \models \Box^*\varphi$ がいえる． ◢

なお，論理式 $\varphi \land \Box^*(\varphi \to \Box\varphi) \to \Box^*\varphi$ は上記の議論のように数学的帰納法と密接な関係があるので，帰納法論理式あるいは帰納法公理（証明体系の公理

として使用する場合）とよばれることもある．

例 2.7.3 $\Box^*\varphi \leftrightarrow \varphi \wedge \Box\Box^*\varphi$ は恒真である．これは「s からの任意の複数ステップ遷移先で真」と「s で真，かつ s からの任意の 1 ステップ遷移先からの任意の複数ステップ遷移先で真」が同じ意味であることからわかる． ◢

以下では，$\Box^*$ を他の記号で定義できるかについて議論する．

たとえば，様相記号 $\Diamond$ は他の記号で定義できる．なぜなら，$\Diamond\varphi \leftrightarrow \neg\Box\neg\varphi$ が恒真なので $\neg\Box\neg\varphi$ を $\Diamond\varphi$ の定義とすればよいからである（演習問題 2.4.5(1),(6) や注意 2.4.7 も参照）．同様に上記の例 2.7.3 から「$\varphi \wedge \Box\Box^*\varphi$ が $\Box^*\varphi$ の定義である」といってもよい．ただし，これは定義したい $\Box^*\varphi$ が定義式 $\varphi \wedge \Box\Box^*\varphi$ の中に登場する再帰的な定義になっている．第 4 章で説明するが，様相ミュー計算ではこのような再帰的な定義を不動点という仕組みで実現できる．

それでは再帰的な定義ではなく，普通の定義はできるだろうか．もしも無限長の論理式を許すならば，$\Box^*\varphi \leftrightarrow (\Box^0\varphi \wedge \Box^1\varphi \wedge \Box^2\varphi \wedge \cdots)$ が恒真なのでこの右辺を定義とすればよいのだが，通常の論理式では定義できそうにない．そして，これが本当にできないことは，以下の定理を用いて示すことができる．

定理 2.7.4 $\mathbf{K}^*$ 論理式の無限集合 Σ が存在して，Σ のどんな有限部分集合も充足可能であるが，Σ は充足不可能である．つまり，$\mathbf{K}^*$ はコンパクト性を満たさない．

［証明］ $\Sigma = \{\Box^0 p, \Box^1 p, \Box^2 p, \ldots\} \cup \{\neg\Box^* p\}$ とすればよい（演習問題 2.7.6 (1),(2)）． ■

コンパクト性が $\mathbf{K}$ では成り立ち（定理 2.6.8），$\mathbf{K}^*$ では成り立たない（定理 2.7.4）ことから，$\Box^*$ が $\mathbf{K}$ の記号だけでは定義できないことがいえる．なぜなら，もしも $\Box^*$ が $\mathbf{K}$ 論理式で定義できるならば，$\mathbf{K}$ のコンパクト性から $\mathbf{K}^*$ のコンパクト性が得られてしまうからである．具体的には，もしも $\Box^*$ を含まない論理式 δ が存在して $\Box^* p \leftrightarrow \delta$ が恒真ならば，この δ を使って上記の Σ を同値変形した集合 $\{\Box^0 p, \Box^1 p, \Box^2 p, \ldots\} \cup \{\neg\delta\}$ に $\mathbf{K}$ のコンパクト性定理 2.6.8 を適用すれば Σ が充足可能になってしまい，定理 2.7.4 と矛盾する．

次に，$\mathbf{K}^*$ の証明体系と完全性について説明する．

例 2.7.2 と例 2.7.3 の論理式および $\Box^*(\varphi \to \psi) \to (\Box^*\varphi \to \Box^*\psi)$ を公理として $\mathcal{H}_{\mathbf{K}}$ に追加し，さらに推論規則

$$\frac{\varphi}{\Box^*\varphi}$$

を追加すると，$\mathbf{K}^*$ の証明体系（これを $\mathcal{H}_{\mathbf{K}^*}$ とよぶ）が得られる．この健全性は $\mathcal{H}_{\mathbf{K}}$ の健全性と同様に示される．しかし，完全性を示すことは $\mathcal{H}_{\mathbf{K}}$ の場合よりも難しい．なぜなら，$\mathcal{H}_{\mathbf{K}}$ の場合は 2.6 節で示したように，モデル存在定理 2.6.6 を用いて完全性を示すことができたが，$\mathcal{H}_{\mathbf{K}^*}$ では以下のようにモデル存在定理が一般に成り立たないからである．

補題 2.7.5　$\mathcal{H}_{\mathbf{K}^*}$ 無矛盾であって充足不可能な $\mathbf{K}^*$ 論理式集合 Σ が存在する．

［証明］　定理 2.7.4 の証明と同じ Σ をとればよい（演習問題 2.7.6(2), (3)）．■

この困難を回避する一つの方法は，モデル存在定理を有限集合に限定したような議論を行うことである [¶7]．そのような議論の雛形として，次節では $\mathcal{H}_{\mathbf{K}}$ に対して有限集合限定の手法で完全性を証明する．なお，$\mathcal{H}_{\mathbf{K}}$ に $\Box^*$ を加えた $\mathcal{H}_{\mathbf{K}^*}$ の完全性定理の証明は本書では明示的には与えないが，第 5 章の議論から $\Box^*$ に関する部分だけを抽出すれば $\mathcal{H}_{\mathbf{K}^*}$ の完全性の証明が得られる．

演習問題 2.7.6　定理 2.7.4 の証明中の Σ について次を示せ．

(1) Σ のどんな有限部分集合も充足可能である．
(2) Σ は充足不可能である．
(3) Σ は $\mathcal{H}_{\mathbf{K}^*}$ 無矛盾である．

2.8　完全性と有限モデル性の証明　［詳細］

本節では，$\mathcal{H}_{\mathbf{K}}$ の完全性と $\mathbf{K}$ の有限モデル性の証明を詳細に与える．2.6 節では，$\mathcal{H}_{\mathbf{K}} \nvdash \varphi$ なる φ に対してカノニカルモデルが $\{\neg\varphi\}$ を充足することを示し，さらにそれを濾過して有限モデルを作る，という方針を説明した．それに対して本節の方法は，初めから有限モデルを作って完全性と有限モデル性を同

¶7　$\mathcal{H}_{\mathbf{K}}$ の完全性の証明でもモデル存在定理を有限集合にだけ使用していた．注意 2.6.7 参照．

時に示すというものである．もう少し詳しくいうと，「φ の部分論理式（とその否定）だけを論理式として許す」という設定でカノニカルモデルを作るような方法であり（注意 2.8.17 でも説明する），論理式が有限個しかないおかげで極大無矛盾集合は有限集合になり，カノニカルモデルも初めから有限モデルになっている，とみなせる方法である．これは後の章での **CTL** や **PDL** の証明体系の完全性の証明の基礎となる．

本節では $\Diamond$ は $\neg\Box\neg$ の省略形とする．

注意 2.8.1 $\Diamond = \neg\Box\neg$ であるが，有限モデル性で主張する値「$2^{\mathrm{Lh}(\varphi)}$ 以下」については，φ 中の $\Diamond$ は（長さ 3 でなく）長さ 1 の記号として数えてもよい．このことは本節の最後（注意 2.8.19）で説明される．

補題 2.8.2 もし $\varphi_1 \to (\varphi_2 \to (\cdots \to (\varphi_n \to \psi)\cdots))$ がトートロジーの形で，$\mathcal{H}_{\mathbf{K}} \vdash \varphi_1, \mathcal{H}_{\mathbf{K}} \vdash \varphi_2, \ldots, \mathcal{H}_{\mathbf{K}} \vdash \varphi_n$ ならば，$\mathcal{H}_{\mathbf{K}} \vdash \psi$ である．

［証明］ $\varphi_1 \to (\varphi_2 \to (\cdots \to (\varphi_n \to \psi)\cdots))$ はトートロジー公理なので，これと分離規則を使えばよい． ■

この補題から，今後は $\mathcal{H}_{\mathbf{K}}$ が次の推論規則をもっているとみなして議論をする．これは n 個の前提から結論を導く規則であり，**トートロジー規則**とよび，taut と略記する．

定義 2.8.3 ［トートロジー規則 (taut)］

$$\frac{\varphi_1 \quad \varphi_2 \quad \cdots \quad \varphi_n}{\psi}$$

ただし，$\varphi_1 \to (\varphi_2 \to (\cdots \to (\varphi_n \to \psi)\cdots))$ はトートロジーの形である．

次は定理 2.4.6 の $\mathcal{H}_{\mathbf{K}}$ 版のようなものである．

定理 2.8.4 $\mathcal{H}_{\mathbf{K}} \vdash \alpha \leftrightarrow \beta$ ならば $\mathcal{H}_{\mathbf{K}} \vdash \varphi\{p{:=}\alpha\} \leftrightarrow \varphi\{p{:=}\beta\}$ である．

［証明］ 以下では $\{p{:=}\alpha\}$ を $_{[\alpha]}$ と表記する．$\mathcal{H}_{\mathbf{K}} \vdash \alpha \leftrightarrow \beta$ を仮定して，φ の構成に関する帰納法によって $\mathcal{H}_{\mathbf{K}} \vdash \varphi_{[\alpha]} \leftrightarrow \varphi_{[\beta]}$ を示す．

【$\varphi = \varphi' \wedge \varphi''$ の場合】

$$\dfrac{\dfrac{\text{帰納法の仮定}}{\varphi'_{[\alpha]} \leftrightarrow \varphi'_{[\beta]}} \quad \dfrac{\text{帰納法の仮定}}{\varphi''_{[\alpha]} \leftrightarrow \varphi''_{[\beta]}}}{(\varphi' \wedge \varphi'')_{[\alpha]} \leftrightarrow (\varphi' \wedge \varphi'')_{[\beta]}}\ \mathsf{taut}$$

【$\varphi = \Box\varphi'$ の場合】

$$\dfrac{\dfrac{\dfrac{\textbf{K}\text{ 公理}}{\Box(\varphi'_{[\alpha]} \to \varphi'_{[\beta]}) \to (\Box\varphi'_{[\alpha]} \to \Box\varphi'_{[\beta]})} \quad \dfrac{\dfrac{\dfrac{\text{帰納法の仮定}}{\varphi'_{[\alpha]} \leftrightarrow \varphi'_{[\beta]}}}{\varphi'_{[\alpha]} \to \varphi'_{[\beta]}}\ \mathsf{taut}}{\Box(\varphi'_{[\alpha]} \to \varphi'_{[\beta]})}\ \Box}{\Box\varphi'_{[\alpha]} \to \Box\varphi'_{[\beta]}}\ \text{分離} \quad \begin{array}{c} \vdots\ \text{左と同様} \\ \Box\varphi'_{[\beta]} \to \Box\varphi'_{[\alpha]} \end{array}}{\Box\varphi'_{[\alpha]} \leftrightarrow \Box\varphi'_{[\beta]}}\ \mathsf{taut}$$

他の場合も同様に示すことができる. ■

この定理を用いると, 次がただちにいえる.

$\mathcal{H}_{\mathbf{K}} \vdash \alpha \leftrightarrow \beta$ かつ $\mathcal{H}_{\mathbf{K}} \vdash \varphi\{p{:=}\alpha\}$ ならば, $\mathcal{H}_{\mathbf{K}} \vdash \varphi\{p{:=}\beta\}$ である.

そこで今後は, $\mathcal{H}_{\mathbf{K}}$ が次の推論規則 (**同値変形規則**とよぶ) をもっているとみなして議論をする.

定義 2.8.5 [同値変形規則]

$$\dfrac{\varphi\{p{:=}\alpha\} \quad \alpha \leftrightarrow \beta}{\varphi\{p{:=}\beta\}}$$

同値変形規則は今後暗黙に用いられる. たとえば, 論理式の一部分 ($\Box$ の内側でもよい) が $\bigwedge\Gamma$ となっていた場合, $\bigwedge\Gamma$ が Γ の要素をどういう順番で $\wedge$ で結合したかは問わなくてもよい (結合順を変えたものどうしが同値変形規則で互いに導出できるので).

定義 2.8.6 [シークエント] 記号 $\Rightarrow$ の左右に論理式の有限集合を配置した $\Gamma \Rightarrow \Delta$ というものを**シークエント**とよぶ. シークエント $\Gamma \Rightarrow \Delta$ に対して論理式 $\langle\!\langle \Gamma \Rightarrow \Delta \rangle\!\rangle$ を

$$\langle\!\langle \Gamma \Rightarrow \Delta \rangle\!\rangle = (\bigwedge \Gamma) \to (\bigvee \Delta)$$

と定義する（$\bigwedge, \bigvee$ については定義 1.1.8 参照）．$\mathcal{H}_{\mathbf{K}} \vdash \langle\!\langle \Gamma \Rightarrow \Delta \rangle\!\rangle$ であることを「シークエント $\Gamma \Rightarrow \Delta$ が $\mathcal{H}_{\mathbf{K}}$ で証明できる」といい，$\mathcal{H}_{\mathbf{K}} \vdash \Gamma \Rightarrow \Delta$ と書く．シークエントを表記する際には，集合を表す中括弧や $\cup$ 記号を省略してもよい．たとえば，$\Gamma \cup \{\varphi_1, \varphi_2\} \Rightarrow \Delta_1 \cup \{\psi\} \cup \Delta_2$ のことを $\Gamma, \varphi_1, \varphi_2 \Rightarrow \Delta_1, \psi, \Delta_2$ と表記する．

例 2.8.7　$\Rightarrow p \to q$ は左辺が空集合，右辺が $\{p \to q\}$ のシークエントであり，$\langle\!\langle \Rightarrow p \to q \rangle\!\rangle = \top \to (p \to q)$ である．$(\Gamma \Rightarrow \Delta) = (p,\ q \to r \Rightarrow q \to r,\ \neg p)$ のとき $\langle\!\langle \Gamma \Rightarrow \Delta \rangle\!\rangle = p \wedge (q \to r) \to (q \to r) \vee \neg p$ である．◢

注意 2.8.8　この節ではシークエントを議論の補助として使用するが，証明体系 $\mathcal{H}_{\mathbf{K}}$ が扱う対象は正式にはシークエントでなく論理式である．一方でシークエントを対象にした証明体系（つまり公理はシークエントで推論規則はシークエントからシークエントを導く）があり，それは一般に**シークエント計算**とよばれている．$\mathbf{K}$ のシークエント計算としてよく知られている体系については 2.9 節で紹介する．

例 2.8.9　$\mathcal{H}_{\mathbf{K}} \vdash \varphi, \Gamma \Rightarrow \Delta, \varphi$ である．なぜなら，論理式 $\varphi \wedge (\bigwedge \Gamma) \to (\bigvee \Delta) \vee \varphi$ はトートロジーの形なので $\mathcal{H}_{\mathbf{K}}$ の公理だからである．◢

演習問題 2.8.10　次を示せ．

(1) $\mathcal{H}_{\mathbf{K}} \vdash \alpha \to \beta, \alpha, \Gamma \Rightarrow \Delta, \beta$.
(2) $\mathcal{H}_{\mathbf{K}} \vdash \beta, \Gamma \Rightarrow \Delta, \alpha \to \beta$.
(3) $\mathcal{H}_{\mathbf{K}} \vdash \Gamma \Rightarrow \Delta, \alpha \to \beta, \alpha$.

補題 2.8.11　もし $\mathcal{H}_{\mathbf{K}} \vdash \beta_1, \beta_2, \ldots, \beta_n \Rightarrow \alpha$ ならば，$\mathcal{H}_{\mathbf{K}} \vdash \Box\beta_1, \Box\beta_2, \ldots, \Box\beta_n, \Gamma \Rightarrow \Delta, \Box\alpha$ である．

［証明］　$\mathcal{H}_{\mathbf{K}}$ の中で論理式 $\langle\!\langle \beta_1, \beta_2, \ldots, \beta_n \Rightarrow \alpha \rangle\!\rangle$ から $\langle\!\langle \Box\beta_1, \Box\beta_2, \ldots, \Box\beta_n, \Gamma \Rightarrow \Delta, \Box\alpha \rangle\!\rangle$ を導けることを示す．説明のため $n = 2$ の場合を示す（一般の n の場合も同様）．

$$\dfrac{\dfrac{\dfrac{\dfrac{\dfrac{\langle\beta_1,\beta_2\Rightarrow\alpha\rangle}{\beta_1\to(\beta_2\to\alpha)}\,\text{taut}}{\Box(\beta_1\to(\beta_2\to\alpha))}\,\Box \qquad \dfrac{\mathbf{K}\text{ 公理}}{\Box(\beta_1\to(\beta_2\to\alpha))\to(\Box\beta_1\to\Box(\beta_2\to\alpha))}}{\Box\beta_1\to\Box(\beta_2\to\alpha)}\,\text{分離} \qquad \dfrac{\mathbf{K}\text{ 公理}}{\Box(\beta_2\to\alpha)\to(\Box\beta_2\to\Box\alpha)}}{\Box\beta_1\to(\Box\beta_2\to\Box\alpha)}\,\text{taut}}{\langle\Box\beta_1,\Box\beta_2,\Gamma\Rightarrow\Delta,\Box\alpha\rangle}\,\text{taut}$$

■

演習問題 2.8.12 もし $\mathcal{H}_{\mathbf{K}}\vdash\Gamma\Rightarrow\Delta,\varphi$ かつ $\mathcal{H}_{\mathbf{K}}\vdash\varphi,\Gamma\Rightarrow\Delta$ ならば，$\mathcal{H}_{\mathbf{K}}\vdash\Gamma\Rightarrow\Delta$ であることを示せ．

定義 2.8.13 Σ を論理式の有限集合とする．もし $\Gamma\cup\Delta=\Sigma$ かつ $\Gamma\cap\Delta=\emptyset$ ならば，シークエント $\Gamma\Rightarrow\Delta$ のことを集合 Σ の**分割**とよぶ（Σ を $\Rightarrow$ の左辺と右辺に分けた，ということ）．さらに $\mathcal{H}_{\mathbf{K}}\nvdash\Gamma\Rightarrow\Delta$ であるならば，これを「Σ の $\mathcal{H}_{\mathbf{K}}$ 証明不可能な分割」という．

補題 2.8.14 Σ を論理式の有限集合とする．もし $\Gamma\cup\Delta\subseteq\Sigma$ かつ $\mathcal{H}_{\mathbf{K}}\nvdash\Gamma\Rightarrow\Delta$ ならば，次の 3 条件を満たす Γ^+,Δ^+ が存在する．

(1) $\Gamma\subseteq\Gamma^+$.
(2) $\Delta\subseteq\Delta^+$.
(3) $\Gamma^+\Rightarrow\Delta^+$ は Σ の $\mathcal{H}_{\mathbf{K}}$ 証明不可能な分割.

［証明］ 例 2.8.9 と補題の前提（$\mathcal{H}_{\mathbf{K}}\nvdash\Gamma\Rightarrow\Delta$）によって，$\Gamma\cap\Delta=\emptyset$ であることがいえる．それを踏まえて，まず $\Gamma\cup\Delta=\Sigma$ の場合は，$\Gamma\Rightarrow\Delta$ がすでに求める条件を満たしている．次に $\Gamma\cup\Delta$ と Σ の差分が論理式一つ，つまり $\Sigma\setminus(\Gamma\cup\Delta)=\{\varphi\}$ の場合は，演習問題 2.8.12 を用いれば $\Gamma\Rightarrow\Delta,\varphi$ と $\varphi,\Gamma\Rightarrow\Delta$ の少なくとも一方は $\mathcal{H}_{\mathbf{K}}$ で証明できないので，証明できないほうが求める Σ の分割になる．最後に $\Gamma\cup\Delta$ と Σ の差分が複数の場合は，差分が一つの場合と同じ議論を繰り返して，$\mathcal{H}_{\mathbf{K}}$ 証明不可能性を保ったまま差分の論理式を加えていけばよい． ■

補題 2.8.15［主補題］ ξ を任意の論理式とする．もし $\mathcal{H}_{\mathbf{K}}\nvdash\xi$ ならば，次の 2 条件を満たす $\mathbf{K}$ モデル M が存在する．

(1) ある状態 s において $M,s\not\models\xi$.
(2) M の状態数は $2^{|\mathrm{Sub}(\xi)|}$ 以下．（$\mathrm{Sub}(\xi)$ は ξ の部分論理式全体の集合）

[証明] $M = \langle S, \rightsquigarrow, f \rangle$ を次のように定める.

$$S = \{(\Gamma \Rightarrow \Delta) \mid \Gamma \Rightarrow \Delta \text{ は Sub}(\xi) \text{ の } \mathcal{H}_{\mathbf{K}} \text{ 証明不可能な分割 } \}$$
$$(\Gamma_1 \Rightarrow \Delta_1) \rightsquigarrow (\Gamma_2 \Rightarrow \Delta_2) \iff (^\forall \varphi)(\Box\varphi \in \Gamma_1 \text{ ならば } \varphi \in \Gamma_2)$$
$$f(p, (\Gamma \Rightarrow \Delta)) = \mathsf{true} \iff p \in \Gamma$$

S の要素数は Sub(ξ) の分割の個数以下なので，これは補題が要請する条件 (2) を満たしている．そこで，以下では (1) を示す．

M の各状態のシークエントでは，左辺の論理式が真，右辺の論理式が偽になる．つまり，次の主張 (♡) が成り立つ．

(♡) φ を ξ の任意の部分論理式，$\Gamma \Rightarrow \Delta$ を S の任意の要素とする．もし $\varphi \in \Gamma$ ならば $M, (\Gamma \Rightarrow \Delta) \models \varphi$ である．もし $\varphi \in \Delta$ ならば $M, (\Gamma \Rightarrow \Delta) \not\models \varphi$ である．

以下ではこの (♡) を φ の構成に関する帰納法で証明する．

【$\varphi = p$ のとき】$p \in \Gamma$ ならば f の定義により $(\Gamma \Rightarrow \Delta) \models p$ である．$p \in \Delta$ ならば分割の定義により $p \notin \Gamma$ であり，f の定義により $(\Gamma \Rightarrow \Delta) \not\models p$ である．

【$\varphi = \alpha \to \beta$ のとき】$\alpha \to \beta \in \Gamma$ の場合は，もしも $\alpha \in \Gamma$ かつ $\beta \in \Delta$ ならば，演習問題 2.8.10(1) によって $\mathcal{H}_{\mathbf{K}} \vdash \Gamma \Rightarrow \Delta$ になってしまう．したがって，分割の定義により $\alpha \in \Delta$ または $\beta \in \Gamma$ であり，帰納法の仮定によって $(\Gamma \Rightarrow \Delta) \not\models \alpha$ または $(\Gamma \Rightarrow \Delta) \models \beta$ となるので，充足関係の定義により $(\Gamma \Rightarrow \Delta) \models \alpha \to \beta$ が得られる．$\alpha \to \beta \in \Delta$ の場合は同様に，演習問題 2.8.10 の (2) と (3) を用いて $\alpha \in \Gamma$ かつ $\beta \in \Delta$ であることがいえるので，帰納法の仮定と充足関係の定義により $(\Gamma \Rightarrow \Delta) \not\models \alpha \to \beta$ が得られる．

【$\varphi = \Box\alpha$ のとき】$\Box\alpha \in \Gamma$ の場合に $(\Gamma \Rightarrow \Delta) \models \Box\alpha$ を示すためには，$(\Gamma \Rightarrow \Delta) \rightsquigarrow (\Pi \Rightarrow \Sigma)$ となる任意の $\Pi \Rightarrow \Sigma$ に対して $(\Pi \Rightarrow \Sigma) \models \alpha$ を示せばよいが，これは $\rightsquigarrow$ の定義と帰納法の仮定から明らかである．$\Box\alpha \in \Delta$ の場合に $(\Gamma \Rightarrow \Delta) \not\models \Box\alpha$ を示すために，$(\Gamma \Rightarrow \Delta) \rightsquigarrow (\Pi \Rightarrow \Sigma)$ かつ $(\Pi \Rightarrow \Sigma) \not\models \alpha$ となる $\Pi \Rightarrow \Sigma$ の存在を示す．Γ 中の $\Box$ から始まる論理式を $\Box\beta_1, \Box\beta_2, \ldots, \Box\beta_n$ とする．補題 2.8.11 から $\mathcal{H}_{\mathbf{K}} \nvdash (\beta_1, \beta_2, \ldots, \beta_n \Rightarrow \alpha)$ であることがいえる（そうでなければ $\mathcal{H}_{\mathbf{K}} \vdash \Gamma \Rightarrow \Delta$ になってしまうので）．すると，補題 2.8.14 によって次の条件を満たす $\Pi \Rightarrow \Sigma$ の存在がいえる．

$\{\beta_1, \beta_2, \ldots, \beta_n\} \subseteq \Pi$，かつ $\alpha \in \Sigma$，かつ $\Pi \Rightarrow \Sigma$ は Sub(ξ) の $\mathcal{H}_{\mathbf{K}}$ 証明不可能な分割．

したがって，$\rightsquigarrow$ の定義と帰納法の仮定からこの $\Pi\Rightarrow\Sigma$ が求めるものになっている．

他の場合も同様に示すことができる（演習問題 2.8.16）ので，これで $(\heartsuit)$ が証明された．

ところで，定理の前提から $\mathcal{H}_{\mathbf{K}} \nvdash \Rightarrow\xi$ がいえるので，補題 2.8.14 によって $\xi \in \Delta$ となる $\Gamma\Rightarrow\Delta$ が S 内に存在している．したがって，$(\heartsuit)$ から $M, (\Gamma\Rightarrow\Delta) \nVdash \xi$ である．■

演習問題 2.8.16 上の証明中の $(\heartsuit)$ について，φ が $\top$, $\bot$, $\neg\alpha$, $\alpha\wedge\beta$, $\alpha\vee\beta$, および $\alpha\leftrightarrow\beta$ の各場合を証明せよ．

以上の準備で完全性と有限モデル性が同時に証明できる．

［K の有限モデル性（定理 2.5.8）の証明］ φ が $\mathbf{K}$ 恒真でないならば健全性（定理 2.5.7(2 ⇒ 1)）によって $\mathcal{H}_{\mathbf{K}} \nvdash \varphi$ となるので，主補題 2.8.15 によって φ を偽にするモデル M が得られる．$|\mathrm{Sub}(\varphi)| \leq \mathrm{Lh}(\varphi)$（注意 2.2.3）なので M の状態数は $2^{\mathrm{Lh}(\varphi)}$ 以下である．■

［$\mathcal{H}_{\mathbf{K}}$ の完全性（定理 2.5.7(1 ⇒ 2)）の証明］ $\mathcal{H}_{\mathbf{K}} \nvdash \varphi$ を仮定して φ が $\mathbf{K}$ 恒真でないことを示せばよいが，それは上記の一部分である．■

注意 2.8.17 本節の議論と 2.6 節の議論との対応を考える．まず，次の 2 条件が同値になることに注意する．

(1) $\mathcal{H}_{\mathbf{K}} \nvdash \Gamma\Rightarrow\Delta$.

(2) $\Gamma\cup\neg\Delta$ は $\mathcal{H}_{\mathbf{K}}$ 無矛盾（ただし $\neg\Delta = \{\neg\delta \mid \delta\in\Delta\}$）.

このことから，「$\mathrm{Sub}(\xi)$ の $\mathcal{H}_{\mathbf{K}}$ 証明不可能な分割」は「ξ の部分論理式とその否定だけが論理式である，という状況での極大 $\mathcal{H}_{\mathbf{K}}$ 無矛盾集合」のようなものと考えてもよい．この観点では，補題 2.8.14 はモデル存在定理 2.6.6 の証明中の性質 (2.2) に対応し，補題 2.8.15 の証明中で作ったモデル M はカノニカルモデルに対応し，証明中の $(\heartsuit)$ はモデル存在定理の証明中の性質 (2.1) に対応している．

ところで，有限モデル性で主張している値 $2^{\mathrm{Lh}(\varphi)}$（あるいは $2^{|\mathrm{Sub}(\varphi)|}$）は，多くの場合はもっと減らすことができる．それを示すのが次の演習問題である．

演習問題 2.8.18 $\mathrm{Sub}(\varphi)$ の要素のうち命題変数の個数と $\Box$ から始まるものの個数の合計を N とする．φ が **K** 恒真でないならば，φ を偽にする **K** モデルで状態数が 2^N 以下のものが存在することを示せ．

［**ヒント**］主補題の証明中で作ったモデルの状態を単に $\mathrm{Sub}(\varphi)$ の分割全体と考えると個数は $2^{|\mathrm{Sub}(\varphi)|}$ であるが，証明不可能という条件によって個数が少なくなることを示せばよい．

注意 2.8.19 上の演習問題によって $\neg$ の出現数は無視してよいことになるので，注意 2.8.1 に述べた「$\neg\Box\neg$ は長さ 3 だが，これを $\Diamond$ とみなして長さ 1 で数えてもよい」という事実が保証される．

2.9 シークエント計算

シークエントを単位にして推論を進める体系を**シークエント計算**とよぶ[¶8]．多くの論理に対してシークエント計算が定式化されているが，本節では **K** のシークエント計算（$\mathcal{S}_{\mathbf{K}}$ とよぶことにする）を紹介する[¶9]．なお，簡単のため $\Diamond$ と $\leftrightarrow$ は扱わない．

定義 2.9.1［**体系 $\mathcal{S}_{\mathbf{K}}$**］ $\mathcal{S}_{\mathbf{K}}$ はシークエントを導出する体系で，以下の公理と推論規則からなる．

公理 次の 3 種類の形

$$\varphi, \Gamma \Rightarrow \Delta, \varphi$$
$$\Gamma \Rightarrow \Delta, \top$$
$$\bot, \Gamma \Rightarrow \Delta$$

推論規則

$$\frac{\Gamma \Rightarrow \Delta, \varphi}{\neg\varphi, \Gamma \Rightarrow \Delta} \quad (\neg\ 左)$$

$$\frac{\varphi, \Gamma \Rightarrow \Delta}{\Gamma \Rightarrow \Delta, \neg\varphi} \quad (\neg\ 右)$$

¶8 シークエントの定義については定義 2.8.6 参照．

¶9 **K** のシークエント計算は文献 [1, 6, 7] にも載っている．各文献でいくつかの違いがあるが，本質的な部分は同じである．

$$\frac{\varphi, \psi, \Gamma \Rightarrow \Delta}{\varphi \wedge \psi, \Gamma \Rightarrow \Delta} \quad (\wedge 左)$$

$$\frac{\Gamma \Rightarrow \Delta, \varphi \quad \Gamma \Rightarrow \Delta, \psi}{\Gamma \Rightarrow \Delta, \varphi \wedge \psi} \quad (\wedge 右)$$

$$\frac{\varphi, \Gamma \Rightarrow \Delta \quad \psi, \Gamma \Rightarrow \Delta}{\varphi \vee \psi, \Gamma \Rightarrow \Delta} \quad (\vee 左)$$

$$\frac{\Gamma \Rightarrow \Delta, \varphi, \psi}{\Gamma \Rightarrow \Delta, \varphi \vee \psi} \quad (\vee 右)$$

$$\frac{\Gamma \Rightarrow \Delta, \varphi \quad \psi, \Gamma \Rightarrow \Delta}{\varphi \to \psi, \Gamma \Rightarrow \Delta} \quad (\to 左)$$

$$\frac{\varphi, \Gamma \Rightarrow \Delta, \psi}{\Gamma \Rightarrow \Delta, \varphi \to \psi} \quad (\to 右)$$

$$\frac{\Phi \Rightarrow \psi}{\Box\Phi, \Gamma \Rightarrow \Delta, \Box\psi} \quad (\Box)$$

（ただし $\Box\Phi = \{\Box\varphi \mid \varphi \in \Phi\}$）

$$\frac{\Gamma \Rightarrow \Delta, \varphi \quad \varphi, \Gamma \Rightarrow \Delta}{\Gamma \Rightarrow \Delta} \quad (カット)$$

この体系でシークエント $\Gamma \Rightarrow \Delta$ が証明できることを $\mathcal{S}_{\mathbf{K}} \vdash \Gamma \Rightarrow \Delta$ と書く．

例 2.9.2 $\mathcal{S}_{\mathbf{K}} \vdash\ \Rightarrow \Box(\varphi \wedge \psi) \to \Box\varphi \wedge \Box\psi$．証明図は以下のとおり．

$$\dfrac{\dfrac{\dfrac{\dfrac{\dfrac{公理}{\varphi, \psi \Rightarrow \varphi}}{\varphi \wedge \psi \Rightarrow \varphi}\,\wedge 左}{\Box(\varphi \wedge \psi) \Rightarrow \Box\varphi}\,\Box \quad \dfrac{\dfrac{\dfrac{公理}{\varphi, \psi \Rightarrow \psi}}{\varphi \wedge \psi \Rightarrow \psi}\,\wedge 左}{\Box(\varphi \wedge \psi) \Rightarrow \Box\psi}\,\Box}{\Box(\varphi \wedge \psi) \Rightarrow \Box\varphi \wedge \Box\psi}\,\wedge 右}{\Rightarrow \Box(\varphi \wedge \psi) \to \Box\varphi \wedge \Box\psi}\,\to 右$$

ここで，この証明図に登場している論理式はすべて結論の論理式の部分論理式であることに注意してほしい．後述のカット除去定理を用いれば，$\mathcal{S}_{\mathbf{K}}$ では証明図を結論の論理式の部分論理式だけで構成できること（この性質は**部分論理式性** (subformula property) とよばれる）がいえる．2.5 節に例示した $\mathcal{H}_{\mathbf{K}}$ の証明図（例 2.5.5）は上の例と同じ結論を導いているが，その証明途中には長い論理式が登場していたことと対照的である． ◢

$\mathcal{H}_{\mathbf{K}}$ と $\mathcal{S}_{\mathbf{K}}$ の証明能力は次の意味で同等である．

定理 2.9.3

(1) 任意の論理式 φ に対して次の 2 条件は同値である．

(1-1) $\mathcal{H}_{\mathbf{K}} \vdash \varphi$.

(1-2) $\mathcal{S}_{\mathbf{K}} \vdash \Rightarrow \varphi$.

(2) 任意のシークエント $\Gamma \Rightarrow \Delta$ に対して次の 2 条件は同値である．

(2-1) $\mathcal{H}_{\mathbf{K}} \vdash \langle\!\langle \Gamma \Rightarrow \Delta \rangle\!\rangle$.

(2-2) $\mathcal{S}_{\mathbf{K}} \vdash \Gamma \Rightarrow \Delta$.

この定理の証明は難しくはないが煩雑なので省略する．2.8 節ではシークエント $\Gamma \Rightarrow \Delta$ が $\mathcal{H}_{\mathbf{K}}$ で証明できることを $\mathcal{H}_{\mathbf{K}} \vdash \langle\!\langle \Gamma \Rightarrow \Delta \rangle\!\rangle$ で定義したが，上の定理の (2) はそれと整合している．さらにその視点で 2.8 節の議論を見れば，次のような対応がわかる．

例 2.8.9	$\mathcal{S}_{\mathbf{K}}$ の公理
補題 2.8.11	$\mathcal{S}_{\mathbf{K}}$ の $\Box$ 規則
演習問題 2.8.12	$\mathcal{S}_{\mathbf{K}}$ のカット規則

さて，シークエント計算を導入した場合に必ず考察されるのが**カット除去定理**である．以下では，$\mathcal{S}_{\mathbf{K}}$ でカット規則を使用しないでシークエント $\Pi \Rightarrow \Sigma$ が証明できることを $\mathcal{S}_{\mathbf{K}}^{\mathrm{cf}} \vdash \Pi \Rightarrow \Sigma$ と表記する（cf は cut-free の頭文字）．

定理 2.9.4 ［$\mathcal{S}_{\mathbf{K}}$ のカット除去定理］

$$\mathcal{S}_{\mathbf{K}} \vdash \Pi \Rightarrow \Sigma \text{ ならば } \mathcal{S}_{\mathbf{K}}^{\mathrm{cf}} \vdash \Pi \Rightarrow \Sigma.$$

［証明］ この定理の証明方法は二つある．一つ目は「$\mathcal{S}_{\mathbf{K}}$ のどんな証明図が与えられてもその結論を変えないまま少しずつ変形していき，最終的にカット規則を含まない証明図に変形する手順を示す」という方法であるが，詳細は省略する．二つ目は次を示す方法である．

$$\langle\!\langle \Pi \Rightarrow \Sigma \rangle\!\rangle \text{ が } \mathbf{K} \text{ 恒真ならば } \mathcal{S}_{\mathbf{K}}^{\mathrm{cf}} \vdash \Pi \Rightarrow \Sigma \tag{2.3}$$

これが示されれば，一方で「$\mathcal{S}_{\mathbf{K}} \vdash \Pi \Rightarrow \Sigma$ ならば $\langle\!\langle \Pi \Rightarrow \Sigma \rangle\!\rangle$ は $\mathbf{K}$ 恒真」という事実が定理 2.9.3(2) と $\mathcal{H}_{\mathbf{K}}$ の健全性からいえる（$\mathcal{H}_{\mathbf{K}}$ を経由せずに直接示すのも簡単である）ので，これらを合わせてカット除去定理 2.9.4 が得られる．

上の (2.3) はカット無し $\mathcal{S}_{\mathbf{K}}$ の完全性定理であり，対偶である次が 2.8 節の主補題 2.8.15 とほとんど同じ議論で示される．

> $\mathcal{S}_{\mathbf{K}}^{\mathrm{cf}} \nvdash \Pi \Rightarrow \Sigma$ ならば，$M, s \models \bigwedge \Pi$ かつ $M, s \not\models \bigvee \Sigma$ となる $\mathbf{K}$ モデル M と状態 s が存在する．

この M は補題 2.8.15 の証明とほとんど同じ方法で作られる．一つだけ異なる点は状態の定義で，各状態 $\Gamma \Rightarrow \Delta$ は「$\mathcal{S}_{\mathbf{K}}^{\mathrm{cf}} \not\models \Gamma \Rightarrow \Delta$ であって，かつ以下の飽和性という条件を満たすシークエント」である．

飽和性　$\alpha \to \beta \in \Gamma$ ならば，$\alpha \in \Delta$ または $\beta \in \Gamma$．$\alpha \to \beta \in \Delta$ ならば，$\alpha \in \Gamma$ かつ $\beta \in \Delta$．さらに，他の論理記号に関しても同様な条件を設定する（演習問題 2.9.5）．

実際に補題 2.8.15 の証明では (♡) を示すために飽和性を用いていることを確認してほしい．さらに補題 2.8.15 と同様な証明を行うために必要なのが，補題 2.8.14 に相当する次である．

> $\mathcal{S}_{\mathbf{K}}^{\mathrm{cf}} \nvdash \Gamma \Rightarrow \Delta$ ならば，$\Gamma \subseteq \Gamma^{+}$, $\Delta \subseteq \Delta^{+}$, $\mathcal{S}_{\mathbf{K}}^{\mathrm{cf}} \nvdash \Gamma^{+} \Rightarrow \Delta^{+}$ で飽和性を満たす $\Gamma^{+} \Rightarrow \Delta^{+}$ が存在する．

これは，$\mathcal{S}_{\mathbf{K}}^{\mathrm{cf}}$ 証明不可能性を保ったまま飽和性のために必要な論理式を加えながら順番に拡張していく，という方法で示される．つまり，もし $\alpha \to \beta \in \Gamma$ ならば $(\Gamma \Rightarrow \Delta, \alpha)$ と $(\beta, \Gamma \Rightarrow \Delta)$ の少なくとも一方は $\mathcal{S}_{\mathbf{K}}^{\mathrm{cf}}$ で証明不可能なので（なぜならこれらから → 左規則で $\Gamma \Rightarrow \Delta$ が導けるから）証明不可能なほうに拡張する，もし $\alpha \to \beta \in \Delta$ ならば $\alpha, \Gamma \Rightarrow \Delta, \beta$ は $\mathcal{S}_{\mathbf{K}}^{\mathrm{cf}}$ で証明不可能なので（なぜならこれから → 右規則で $\Gamma \Rightarrow \Delta$ が導けるから）これに拡張する，といった操作を繰り返すことで示される．■

演習問題 2.9.5　上記では飽和条件として $\alpha \to \beta$ という形の論理式についてしか書いていないが，その他の形の論理式に関する飽和条件も書け．

注意 2.9.6　カット除去という言葉は，この定理 2.9.4 の名称ではなく，一つ目の証明方法，すなわち「カット規則を消していく証明図変形手順」を指すことも多い．その場合は上記の二つ目の証明方法のことは**意味論的カット除去**などとよぶ．

最後に，カット除去定理の意義を簡単に説明する．カット規則

$$\frac{\Gamma \Rightarrow \Delta, \varphi \quad \varphi, \Gamma \Rightarrow \Delta}{\Gamma \Rightarrow \Delta}$$

では，結論 $\Gamma \Rightarrow \Delta$ だけ見せられても前提の中の φ が何であったのかは不明であり，φ には無限の可能性がある．一方，カット以外の推論規則では，結論を固定すれば前提の可能性は有限個ですべて列挙でき，さらに前提のシークエントは結論の部分論理式だけで作られている（これが先述の部分論理式性を導く）．このことから，カットの無い証明図だけを分析すればよいということを保証するカット除去定理は，論理の研究における強力な道具となっている．たとえば，与えられたシークエントが $\mathcal{S}_{\mathbf{K}}$ で証明できるか否かを判定したければカット規則無しの証明図だけを探索すればよいことになり，その探索は計算可能である．φ が **K** 恒真であることと $\mathcal{S}_{\mathbf{K}} \vdash \Rightarrow \varphi$ は同値なので，このアルゴリズムは **K** の恒真性判定の計算可能性（定理 2.5.9）の別証明になる．

2.10 遷移の合流性と論理式の対応

モデルの遷移関係の性質と論理式との間には対応があり，詳細に研究されている [¶10]．この節ではそのような研究の一つとして，遷移関係の合流性を網羅的かつ統一的に表現する論理式を示し，その論理式を公理として $\mathcal{H}_{\mathbf{K}}$ に加えると対応する合流性をもつモデルに対して完全性が成り立つことを示す．この論理を **Geach 論理** [¶11] とよぶ．

演習問題 2.4.5(5) では遷移関係が推移性を満たすならば $\Box\varphi \to \Box\Box\varphi$ がすべての状態で真になることを示したが，逆も成り立つ．すなわち，この論理式を恒真にするような状態遷移系は必ず推移性を満たす．正確には次が成り立つ．

定理 2.10.1 任意の状態遷移系 $\langle S, \rightsquigarrow \rangle$ に関して，次の 2 条件は同値である．

(1) $\rightsquigarrow$ は推移性を満たす．

¶10 たとえば文献 [14] の第 3 章参照．

¶11 Geach logic というよび名は文献 [30] の Justification Logic の項に登場している．

(2) 任意の付値関数 f, 任意の状態 $s \in S$, 任意の論理式 φ に対して
$\langle S, \rightsquigarrow, f \rangle, s \models \Box\varphi \to \Box\Box\varphi$.

推移性以外にも表 2.1 の各行の条件と論理式が上の定理 2.10.1 と同じ関係を満たす．以下では，それらを包含する網羅的な結果を証明する．

表 2.1 遷移関係の条件と対応する論理式

条件	条件の内容	対応する論理式	論理式の名前	
推移性	${}^\forall s {}^\forall t {}^\forall u(s \rightsquigarrow t \rightsquigarrow u$ ならば $s \rightsquigarrow u)$	$\Box\varphi \to \Box\Box\varphi$	$\mathsf{G}^{0,1,2,0}$	4
反射性	${}^\forall s(s \rightsquigarrow s)$	$\Box\varphi \to \varphi$	$\mathsf{G}^{0,1,0,0}$	T
対称性	${}^\forall s {}^\forall t(s \rightsquigarrow t$ ならば $t \rightsquigarrow s)$	$\varphi \to \Box\Diamond\varphi$	$\mathsf{G}^{0,0,1,1}$	B
継続性	${}^\forall s {}^\exists t(s \rightsquigarrow t)$	$\Box\varphi \to \Diamond\varphi$	$\mathsf{G}^{0,1,0,1}$	D
ユークリッド性	${}^\forall s {}^\forall t {}^\forall u((s \rightsquigarrow t$ かつ $s \rightsquigarrow u)$ ならば $t \rightsquigarrow u)$	$\Diamond\varphi \to \Box\Diamond\varphi$	$\mathsf{G}^{1,0,1,1}$	5

注意 2.10.2 表 2.1 にある論理式の名前 $\mathsf{G}^{k,\ell,m,n}$ は後の定義 2.10.4 で導入される．これは k, ℓ, m, n の値を変化させることでさまざまな論理式を表すが，その中でも重要ないくつかの論理式には慣習的なよび名があり，それが「4」「T」「B」「D」「5」である．

定義 2.10.3 ［合流性］ 非負整数 k, ℓ, m, n に対して次の条件を「(k, ℓ, m, n) 合流性」とよぶ．

$$ {}^\forall s {}^\forall x {}^\forall y((s \rightsquigarrow^k x \text{ かつ } s \rightsquigarrow^m y) \text{ ならば } {}^\exists t(x \rightsquigarrow^\ell t \text{ かつ } y \rightsquigarrow^n t)) $$

これは,「k ステップと m ステップで別れても，それぞれから ℓ ステップと n ステップで合流することができる」という意味である（図 2.5 参照）．

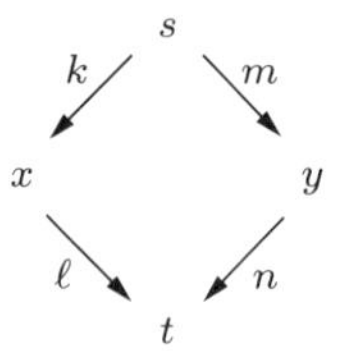

図 2.5 (k, ℓ, m, n) 合流性

定義 2.10.4 ［論理式 $\mathsf{G}^{k,\ell,m,n}$］ 非負整数 k, ℓ, m, n に対して $\Diamond^k\Box^\ell\varphi \to \Box^m\Diamond^n\varphi$ という形の論理式を $\mathsf{G}^{k,\ell,m,n}$ と表記する．

定理 2.10.5 定理 2.10.1 と同じ主張が，(k, ℓ, m, n) 合流性と $\mathsf{G}^{k,\ell,m,n}$ との間に成り立つ．すなわち，任意の非負整数 k, ℓ, m, n と任意の状態遷移系 $\langle S, \rightsquigarrow\rangle$ に関して，次の 2 条件は同値である．

(1) $\rightsquigarrow$ は (k, ℓ, m, n) 合流性を満たす．

(2) 任意の付値関数 f，任意の状態 $s \in S$，任意の論理式 φ に対して

$$\langle S, \rightsquigarrow, f\rangle, s \models \Diamond^k\Box^\ell\varphi \to \Box^m\Diamond^n\varphi$$

［証明］ モデル上で $\Box^i$ と $\Diamond^i$ は i ステップの遷移関係 $\rightsquigarrow^i$ に対応するので（注意 2.2.9 参照），$(1 \Rightarrow 2)$，つまり (k, ℓ, m, n) 合流性が成り立つモデルでは $\mathsf{G}^{k,\ell,m,n}$ が恒真になることは簡単にわかる．逆の $(2 \Rightarrow 1)$ は以下のように対偶を示す．もし (k, ℓ, m, n) 合流性が成り立たないならば，定義から

$$s \rightsquigarrow^k x \text{ かつ } s \rightsquigarrow^m y \text{ かつ} {}^\forall t(x \rightsquigarrow^\ell t \text{ でない，または } y \rightsquigarrow^n t \text{ でない})$$

となる s, x, y がある．そこで，この x と ℓ を使って，付値関数 f を次で定義する．

$$f(p, u) = \mathsf{true} \iff x \rightsquigarrow^\ell u$$

すると，このモデルで $s \not\models \Diamond^k\Box^\ell p \to \Box^m\Diamond^n p$ であることは簡単に確認できる． ■

演習問題 2.10.6 任意の遷移関係に対して，$(0, 1, 2, 0)$ 合流性と推移性が同値な条件になることを示せ．同様に，$(0, 1, 0, 0)$ 合流性と反射性，$(0, 0, 1, 1)$ 合流性と対称性，$(0, 1, 0, 1)$ 合流性と継続性，$(1, 0, 1, 1)$ 合流性とユークリッド性がそれぞれ同値であることを示せ（表 2.1 参照）．

注意 2.10.7 2.1 節で次の意味の説明をした．$\Box\varphi \to \Box\Box\varphi$ は時相論理と認識論理の両方で正しく，$\neg\Box\varphi \to \Box\neg\Box\varphi$ は認識論理だけで正しい（ここで $\varphi' = \neg\varphi$ とすれば後者の論理式は $\Diamond\varphi' \to \Box\Diamond\varphi'$ と同値，つまり $\mathsf{G}^{1,0,1,1}$ であることに注意する）．これを本節の議論を使って次のようにいい換えることができる．時相論理で $\Box$ を「将来にわたってずっと真」と解釈する場合は遷移関係は時間の前後関係であり，これは推移性を満たすが，ユークリッド性は

満たさない．認識論理で $\Box$ を「太郎は知っている」と解釈する場合は，例 2.3.3 で見たように遷移関係は太郎が区別できない状態どうしを結ぶ同値関係になり，これは推移性もユークリッド性も満たす．

遷移関係の (k_i, ℓ_i, m_i, n_i) 合流性で特徴付けられる論理を **Geach 論理**と総称する．すると，$\mathcal{H}_{\mathbf{K}}$ に公理 $\mathsf{G}^{k_i,\ell_i,m_i,n_i}$ を加えたものが Geach 論理の証明体系になり，以下のように健全性・完全性が成り立つ．なお，$\Diamond\varphi$ は $\neg\Box\neg\varphi$ の省略形とする．

定理 2.10.8［Geach 論理の証明体系の健全性・完全性］ I を任意の集合とし，各 $i \in I$ に対して k_i, ℓ_i, m_i, n_i が非負整数であるとする．任意の論理式 ξ に対して次の 2 条件は同値である．

(1) ξ は，(k_i, ℓ_i, m_i, n_i) 合流性をすべての $i \in I$ に対して満たすような任意の状態遷移系で恒真である．すなわち，$\langle S, \rightsquigarrow \rangle$ がすべての $i \in I$ に対して (k_i, ℓ_i, m_i, n_i) 合流性を満たすならば，任意の付値関数 f と任意の状態 s で $\langle S, \rightsquigarrow, f \rangle, s \models \xi$ である．

(2) $\mathcal{H}_{\mathbf{K}}$ にすべての $i \in I$ に対する $\mathsf{G}^{k_i,\ell_i,m_i,n_i}$ を公理として追加した体系（これを $\mathcal{H}_{\mathbf{G}}$ と名付ける）で ξ が証明できる．

［証明］ 健全性 ($2 \Rightarrow 1$) は，$\mathcal{H}_{\mathbf{K}}$ の健全性（定理 2.5.7($2 \Rightarrow 1$)）の証明に先ほどの定理 2.10.5 の結果を追加すればよい．

完全性 ($1 \Rightarrow 2$) は，2.6 節と同様に示される．すなわち，2.6 節の記述の中の「$\mathcal{H}_{\mathbf{K}}$」をすべて「$\mathcal{H}_{\mathbf{G}}$」に置き換えて，極大 $\mathcal{H}_{\mathbf{G}}$ 無矛盾集合を用いて $\mathcal{H}_{\mathbf{G}}$ のカノニカルモデルを作る．議論は 2.6 節と同様に進むが，追加で必要なのは $\mathcal{H}_{\mathbf{G}}$ のカノニカルモデルの (k_i, ℓ_i, m_i, n_i) 合流性を示すことである．それについては次節で証明する． ■

例 2.10.9 表 2.1 の条件を組み合わせて定まる論理が Geach 論理の代表例であり，それらは対応する論理式の名前を **K** の後に列挙して表記される．たとえば，**KD4** は遷移関係が継続的かつ推移的な論理であり，$\mathcal{H}_{\mathbf{K}}$ に公理 $\Box\varphi \to \Diamond\varphi$ と $\Box\varphi \to \Box\Box\varphi$ を加えた証明体系をもつ．有名な様相論理に **S4** と **S5** とよばれるものがあるが，この記法では $\mathbf{S4} = \mathbf{KT4}$，$\mathbf{S5} = \mathbf{KT4B}$ である．すなわち，**S4** は遷移関係の「反射性＋推移性」で特徴付けられ，証明体系は $\mathcal{H}_{\mathbf{K}}$ に公

理 $\Box\varphi \to \varphi$ と $\Box\varphi \to \Box\Box\varphi$ を加えたものである．**S5** は「反射性＋推移性＋対称性（＝同値関係）」で特徴付けられ，証明体系は **S4** にさらに公理 $\varphi \to \Box\Diamond\varphi$ を加えたものである．なお，「反射性＋推移性＋ユークリッド性」も同値関係の定義になるので，**S4** に公理 $\Diamond\varphi \to \Box\Diamond\varphi$ を加えても **S5** の証明体系になる（その他にも **S5** の公理のとり方はたくさんある）． ◢

注意 2.10.10 $\mathcal{H}_{\mathbf{G}}$ の完全性は上記のように 2.6 節の方法でカノニカルモデルを使って示すことができるが，一方で 2.8 節の方法ではうまくいかない．なぜなら，$\mathcal{H}_{\mathbf{G}} \nvdash \varphi$ のときに φ の部分論理式だけを使って 2.8 節と同じ方法で有限モデルを作っても，それが合流性を満たすことを一般に示せないからである．そしてこのことは，Geach 論理の有限モデル性の証明が困難であることを示唆している．実際，Geach 論理の中には有限モデル性が比較的簡単に示されるもの（たとえば **S4, S5**）もあるが，不明なものもある[¶12]．

2.11 Geach 論理の完全性の証明 [詳細]

この節では，定理 2.10.8 の $(1 \Rightarrow 2)$ の証明中で必要な次の性質を，文献 [18] を参考にして証明する．

定理 2.11.1 $\mathcal{H}_{\mathbf{G}}$ のカノニカルモデルは各 i に対する (k_i, ℓ_i, m_i, n_i) 合流性を満たす．

この定理の証明のために補題を二つ用意するが，その証明には公理 $\mathrm{G}^{k_i,\ell_i,m_i,n_i}$ は使用しない．すなわち，これらの補題は $\mathcal{H}_{\mathbf{K}}$ のどんな拡張体系に対しても成り立つものである．

補題 2.11.2 Ω は極大 $\mathcal{H}_{\mathbf{G}}$ 無矛盾集合とする．もし $\varphi_1, \varphi_2, \ldots, \varphi_n \in \Omega$ かつ $\mathcal{H}_{\mathbf{G}} \vdash \varphi_1 \wedge \varphi_2 \wedge \cdots \wedge \varphi_n \to \psi$ ならば，$\psi \in \Omega$ である．

［証明］ 極大無矛盾の定義から簡単に示される． ■

¶12 表 2.1 の条件の組み合わせで定まる論理の有限モデル性については文献 [1,6] を参照．一方，有限モデル性を示すのが難しい Geach 論理に対する最近の結果としては文献 [27] がある．

注意 2.11.3 上の補題やこの後の議論には $\varphi_1 \wedge \varphi_2 \wedge \cdots \wedge \varphi_n$ という表記がいくつも登場するが，$n = 0$ の場合はこれは $\top$ を表す．

補題 2.11.4 $\rightsquigarrow$ は $\mathcal{H}_{\mathbf{G}}$ のカノニカルモデルにおける遷移関係，n は任意の非負整数とする．任意の極大 $\mathcal{H}_{\mathbf{G}}$ 無矛盾集合 Ω, Ω' について，次の同値性 (†) と (‡) が成り立つ．

$$\begin{aligned} \Omega \rightsquigarrow^n \Omega' \quad & \overset{(\dagger)}{\Longleftrightarrow} \quad \{\varphi \mid \Box^n \varphi \in \Omega\} \subseteq \Omega' \\ & \overset{(\ddagger)}{\Longleftrightarrow} \quad \Omega \supseteq \{\Diamond^n \varphi \mid \varphi \in \Omega'\} \end{aligned}$$

［証明］ (‡) は，$\Diamond^n \varphi \in \Omega$ と $\neg \Box^n \neg \varphi \in \Omega$ が同値であることや，極大無矛盾集合の性質を使って示される．以下では (†) を n に関する帰納法で示す．$n = 0$ のときは Ω の極大性からいえる（注意 2.6.4(2) 参照）．$n = 1$ はカノニカルモデルの遷移関係の定義である．$n = k + 1 \geq 2$ のとき，(⇒) は帰納法の仮定などを用いて簡単に示される．(⇐) を示すために

$$\{\varphi \mid \Box^{k+1} \varphi \in \Omega\} \subseteq \Omega' \tag{2.4}$$

を仮定して，

$$\Omega \rightsquigarrow^k \Omega'' \rightsquigarrow \Omega' \tag{2.5}$$

となる極大 $\mathcal{H}_{\mathbf{G}}$ 無矛盾集合 Ω'' の存在を示す．論理式集合 Γ, Γ' を次で定義する．

$$\Gamma = \{\alpha \mid \Box^k \alpha \in \Omega\}, \quad \Gamma' = \{\Diamond \beta \mid \beta \in \Omega'\}$$

このとき $\Gamma \cup \Gamma'$ が $\mathcal{H}_{\mathbf{G}}$ 無矛盾であることがわかれば，2.6 節の性質 (2.2) の $\mathcal{H}_{\mathbf{G}}$ 版を用いて $\Omega'' \supseteq \Gamma \cup \Gamma'$ なる極大 $\mathcal{H}_{\mathbf{G}}$ 無矛盾集合 Ω'' の存在が示され，これが目的の条件 (2.5) を満たすことは $n = k$ に対する (†) と $n = 1$ に対する (‡) からいえる．そこで以下では，$\Gamma \cup \Gamma'$ が $\mathcal{H}_{\mathbf{G}}$ 矛盾すると仮定して，最終的に Ω' が $\mathcal{H}_{\mathbf{G}}$ 矛盾してしまうことを示す．

$\Gamma \cup \Gamma'$ が $\mathcal{H}_{\mathbf{G}}$ 矛盾することの定義から，次を満たす $\alpha_1, \alpha_2, \ldots, \alpha_a \in \Gamma$ と $\Diamond \beta_1, \Diamond \beta_2, \ldots, \Diamond \beta_b \in \Gamma'$ が存在する．

$$\mathcal{H}_{\mathbf{G}} \vdash \neg(\alpha_1 \wedge \cdots \wedge \alpha_a \wedge \Diamond \beta_1 \wedge \cdots \wedge \Diamond \beta_b) \tag{2.6}$$

すると，$\beta = \beta_1 \wedge \beta_2 \wedge \cdots \wedge \beta_b$ として，以下の方針で示される．

$\mathcal{H}_{\mathbf{G}} \vdash \alpha_1 \wedge \cdots \wedge \alpha_a \to \Box\neg\beta_1 \vee \cdots \vee \Box\neg\beta_b$ （(2.6) より）
$\mathcal{H}_{\mathbf{G}} \vdash \alpha_1 \wedge \cdots \wedge \alpha_a \to \Box\neg\beta$ （$\mathcal{H}_{\mathbf{G}} \vdash \Box\neg\beta_i \to \Box\neg\beta$ より）
$\mathcal{H}_{\mathbf{G}} \vdash \Box^k\alpha_1 \wedge \cdots \wedge \Box^k\alpha_a \to \Box^{k+1}\neg\beta$ （補題 2.8.11 参照）
$\Box^{k+1}\neg\beta \in \Omega$ （Γ の定義と補題 2.11.2 より）
$\neg\beta \in \Omega'$ （(2.4) より）
Ω' は $\mathcal{H}_{\mathbf{G}}$ 矛盾する. （Γ' の定義と $\mathcal{H}_{\mathbf{G}} \vdash \neg(\beta\wedge\neg\beta)$ より）

■

［定理 2.11.1 の証明］ $\mathsf{G}^{k,\ell,m,n}$ が $\mathcal{H}_{\mathbf{G}}$ の公理であるとき，極大 $\mathcal{H}_{\mathbf{G}}$ 無矛盾集合 $\Omega_0, \Omega_1, \Omega_2$ が

$$\Omega_0 \rightsquigarrow^k \Omega_1 \text{ かつ } \Omega_0 \rightsquigarrow^m \Omega_2 \tag{2.7}$$

ならば，次を満たす極大 $\mathcal{H}_{\mathbf{G}}$ 無矛盾集合 Ω_3 が存在することを示す.

$$\Omega_1 \rightsquigarrow^\ell \Omega_3 \text{ かつ } \Omega_2 \rightsquigarrow^n \Omega_3 \tag{2.8}$$

論理式集合 Γ_1, Γ_2 を次で定義する.

$$\Gamma_1 = \{\alpha \mid \Box^\ell\alpha \in \Omega_1\}, \quad \Gamma_2 = \{\beta \mid \Box^n\beta \in \Omega_2\}$$

このとき $\Gamma_1 \cup \Gamma_2$ が $\mathcal{H}_{\mathbf{G}}$ 無矛盾であることがわかれば，2.6 節の性質 (2.2) の $\mathcal{H}_{\mathbf{G}}$ 版を用いて $\Omega_3 \supseteq \Gamma_1 \cup \Gamma_2$ なる極大 $\mathcal{H}_{\mathbf{G}}$ 無矛盾集合 Ω_3 の存在が示され，これが目的の条件 (2.8) を満たすことは補題 2.11.4 からわかる．そこで以下では $\Gamma_1 \cup \Gamma_2$ が $\mathcal{H}_{\mathbf{G}}$ 矛盾すると仮定して，最終的に Ω_2 が $\mathcal{H}_{\mathbf{G}}$ 矛盾してしまうことを示す.

$\Gamma_1 \cup \Gamma_2$ が $\mathcal{H}_{\mathbf{G}}$ 矛盾することの定義から，次を満たす $\alpha_1, \alpha_2, \ldots, \alpha_a \in \Gamma_1$ と $\beta_1, \beta_2, \ldots, \beta_b \in \Gamma_2$ が存在する.

$$\mathcal{H}_{\mathbf{G}} \vdash \neg(\alpha_1 \wedge \cdots \wedge \alpha_a \wedge \beta_1 \wedge \cdots \wedge \beta_b) \tag{2.9}$$

ここで $\alpha = \alpha_1\wedge\alpha_2\wedge\cdots\wedge\alpha_a$, $\beta = \beta_1\wedge\beta_2\wedge\cdots\wedge\beta_b$ とする．$\Box^\ell\alpha_1\wedge\cdots\wedge\Box^\ell\alpha_a\to\Box^\ell\alpha$ と $\Box^n\beta_1\wedge\cdots\wedge\Box^n\beta_b\to\Box^n\beta$ が $\mathcal{H}_{\mathbf{G}}$ で証明できること（補題 2.8.11 参照）と補題 2.11.2 から

$$\Box^\ell\alpha \in \Omega_1 \text{ かつ } \Box^n\beta \in \Omega_2 \tag{2.10}$$

が成り立ち，これと条件 (2.7) と補題 2.11.4 から次も成り立つ.

$$\Diamond^k\Box^\ell\alpha \in \Omega_0 \tag{2.11}$$

後は以下の方針で示される.

$\mathcal{H}_{\mathbf{G}} \vdash \alpha \to \neg\beta$	((2.9) より)
$\mathcal{H}_{\mathbf{G}} \vdash \Diamond^k\Box^\ell\alpha \to \Diamond^k\Box^\ell\neg\beta$	($\mathcal{H}_{\mathbf{G}}$ で $\varphi{\to}\psi$ から $\Box\varphi{\to}\Box\psi$ と $\Diamond\varphi{\to}\Diamond\psi$ を導出できるので)
$\Diamond^k\Box^\ell\neg\beta \in \Omega_0$	((2.11) と補題 2.11.2 より)
$\Box^m\Diamond^n\neg\beta \in \Omega_0$	(公理 $\Diamond^k\Box^\ell\neg\beta \to \Box^m\Diamond^n\neg\beta$ と補題 2.11.2 より)
$\Diamond^n\neg\beta \in \Omega_2$	((2.7) と補題 2.11.4 より)
Ω_2 は $\mathcal{H}_{\mathbf{G}}$ 矛盾する.	((2.10) および $\mathcal{H}_{\mathbf{G}} \vdash \neg(\Box^n\beta \wedge \Diamond^n\neg\beta)$ より)

■

第3章 CTL

コンピュータサイエンスで扱われる時相論理の代表が **CTL**（computation tree logic，**計算木論理**）である[¶1]．**CTL** は多くの様相記号をもち，たとえば「どんな経過をたどってもある時点で $\cdots$ が成り立てばその後いつかは $\cdots$ が成り立つ」「ある経過をたどれば $\cdots$ が成り立つまではずっと $\cdots$ が成り立っている」などといった命題を記述することができ，システム（ソフトウェア，ハードウェア，プロトコルなど）が仕様を満たすことを検証するためのモデル検査という技術の基礎にもなっている．

本章では **CTL** の基本を説明する．3.1 節では **CTL** の論理式とモデルを定義する．3.2 節ではモデル検査についてごく簡単に説明する．3.3 節では様相記号（本書では 10 種類用いる）の相互関係を説明し，3 種類の様相記号だけですべてを表現できることや様相記号の再帰的な定義について説明する．3.4 節では **CTL** の基本性質 — 証明体系の健全性と完全性，真偽判定・恒真性判定の計算可能性，有限モデル性 — を示す．ただし，前章の **K** のときと同じく，一部の証明は後回しにする．3.5 節では **CTL** の周辺の時相論理として有名な **LTL** と **CTL*** を紹介する．最後に，3.6 節で **CTL** の完全性と有限モデル性の証明を詳細に記述する．

3.1 定義

CTL では，状態遷移系における遷移 $i \rightsquigarrow j$ は「ある時点で状態が i ならばその次の時点で状態が j になる」を表す．つまり，離散的な時間推移に伴う状態変化である．状態の変化は一意ではなく，$j \neq k$ なる j, k について $i \rightsquigarrow j$ かつ $i \rightsquigarrow k$ となっていてもよい．時間には終わりがなく，どの状態にあっても「次

¶1 **CTL** を含んだ時相論理の概要については文献 [30] の Temporal Logic のページを，本章に書かれていない詳細については文献 [20, 23] をそれぞれ参照してほしい．

の時点の状態」が必ず存在する．以上をまとめて，**CTL** モデルは次で定義される．

> **定義 3.1.1 ［CTL モデル］** $M = \langle S, \rightsquigarrow, f \rangle$ が **K** モデルで，$\rightsquigarrow$ が継続性 $^{\forall}s^{\exists}t(s \rightsquigarrow t)$ を満たすとき，M を **CTL モデル**という．

たとえば，第2章の図 2.2 と図 2.3 は **CTL** モデルである（図 2.1 は状態 6 が行き止まりで継続性を満たしていないので **CTL** モデルではない）．とくに図 2.2 はモデル検査の例として 3.2 節で用いるので再掲しておく．

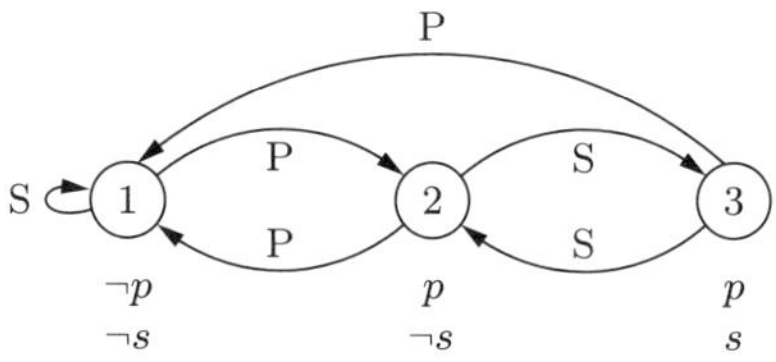

図 2.2 （再掲）　機械動作のモデル

> **注意 3.1.2**　例 2.3.1 の中でも説明したように，図 2.2 を **CTL** モデルとして見るときは遷移関係に付いた P, S は無視して一種類の遷移関係 $\rightsquigarrow$ とする．$\underset{\rightsquigarrow}{\mathrm{P}}$ と $\underset{\rightsquigarrow}{\mathrm{S}}$ を別々の遷移関係にしてそれぞれに対応する様相記号を用いる，という定式化も可能だが，本書ではそのような定式化は扱わない．

状態遷移の無限列のことを**無限パス**とよぶ．**CTL** モデルは継続性を満たすので，どの状態にもそこから始まる無限パスが存在する．たとえば，図 2.2 の状態 1 から始まる無限パスをすべて図示すると，図 3.1 の無限木になる（右上に進む矢印が電源ボタン P，右下に進む矢印がスタートボタン S による遷移）．これが**計算木**である．**CTL** の論理式の真理値はこのような無限パスを用いて定義される．

CTL の論理式は，命題論理の論理式に 10 種類の様相記号 AX, EX, AG, EG, AF, EF, AU, EU, AW, EW を追加して定義される．ただし，AU, EU, AW, EW は二項演算子である．

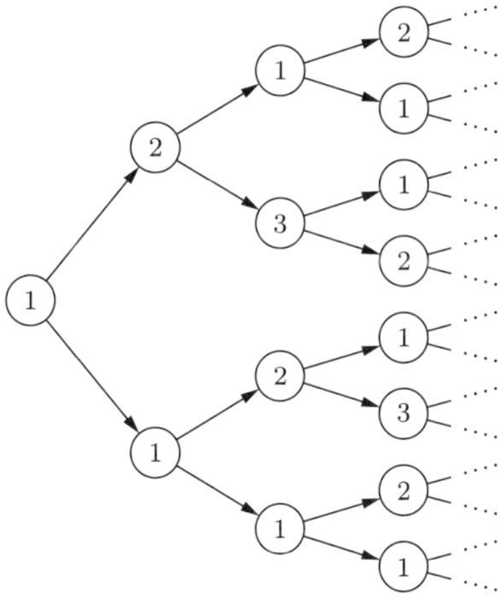

図 3.1　無限パスの木

定義 3.1.3 ［論理式］　命題論理の論理式の定義 1.1.1 に次を追加する．

(3)　φ と ψ が論理式ならば，次はすべて論理式である．

$$(\mathsf{AX}\varphi),\ (\mathsf{EX}\varphi),\ (\mathsf{AG}\varphi),\ (\mathsf{EG}\varphi),\ (\mathsf{AF}\varphi),\ (\mathsf{EF}\varphi),$$
$$(\varphi\ \mathsf{AU}\ \psi),\ (\varphi\ \mathsf{EU}\ \psi),\ (\varphi\ \mathsf{AW}\ \psi),\ (\varphi\ \mathsf{EW}\ \psi)$$

(1)～(3) で定義される論理式を **CTL 論理式**とよぶ．

本章では単に論理式といったら，それは **CTL** 論理式のことである．**K** 論理式の □，◇ と同様に，AX, EX, AG, EG, AF, EF の結合が最も強いとして括弧を適宜省略する．たとえば，$\mathsf{AXEG}p\mathsf{EU}(\mathsf{AF}p\wedge q) = (\mathsf{AX}(\mathsf{EG}p))\ \mathsf{EU}\ ((\mathsf{AF}p)\wedge q)$ である．

注意 3.1.4　上記以外に AR と ER という様相記号を用いる場合もあるが，本書では扱わない．もしそれらを使いたければ，次のような省略形だと思えばよい．

$$\varphi\mathsf{AR}\psi = \neg(\neg\varphi\mathsf{EU}\neg\psi),\quad \varphi\mathsf{ER}\psi = \neg(\neg\varphi\mathsf{AU}\neg\psi)$$

CTL モデルの各状態における論理式の真理値を定める充足関係 $\models$ は，次の定義 3.1.5 で定義される．この定義は，A, E, X, G, F, U, W をそれぞれ以下のように読めば理解しやすい．

A：そこから始まるすべてのパス上の．［All, Any, Arbitrary］

E：そこから始まるあるパス上の．［Exists］

X：次の状態で．［neXt］

G：すべての状態で．［Globally］

F：ある状態で．［Finally, Future］

αUβ：ある状態で β が成り立ってその直前まではずっと α が成り立つ．［Until］

αWβ：ある状態で β が成り立ってその直前まではずっと α が成り立つ，または α がすべての状態で成り立つ．［Weak until］

定義 3.1.5［充足関係］　$M = \langle S, \rightsquigarrow, f \rangle$ のとき，関係 $\models$ を以下で定める．

(1)〜(8) $M, s \models p,\ \top,\ \bot,\ \neg\varphi,\ \varphi\wedge\psi,\ \varphi\vee\psi,\ \varphi\rightarrow\psi,\ \varphi\leftrightarrow\psi$ の定義は **K** と同じ（すなわち定義 2.2.7 の (1)〜(8) と同じ）．

(9) $M, s \models \mathsf{AX}\varphi \iff s \rightsquigarrow t$ となる任意の t に対して $M, t \models \varphi$.

(10) $M, s \models \mathsf{EX}\varphi \iff s \rightsquigarrow t$ となる t が存在して $M, t \models \varphi$.

(11) $M, s_0 \models \mathsf{AG}\varphi \iff s_0$ から始まる任意の無限パス $s_0 \rightsquigarrow s_1 \rightsquigarrow \cdots$ と任意の $i \geq 0$ に対して $M, s_i \models \varphi$.

(12) $M, s_0 \models \mathsf{EG}\varphi \iff s_0$ から始まるある無限パス $s_0 \rightsquigarrow s_1 \rightsquigarrow \cdots$ が存在して，任意の $i \geq 0$ に対して $M, s_i \models \varphi$.

(13) $M, s_0 \models \mathsf{AF}\varphi \iff s_0$ から始まる任意の無限パス $s_0 \rightsquigarrow s_1 \rightsquigarrow \cdots$ に対して，（パスごとに）$i \geq 0$ が存在して $M, s_i \models \varphi$.

(14) $M, s_0 \models \mathsf{EF}\varphi \iff s_0$ から始まるある無限パス $s_0 \rightsquigarrow s_1 \rightsquigarrow \cdots$ と $i \geq 0$ が存在して $M, s_i \models \varphi$.

(15) $M, s_0 \models \varphi\mathsf{AU}\psi$

$\iff s_0$ から始まる任意の無限パス $s_0 \rightsquigarrow s_1 \rightsquigarrow \cdots$ に対して，（パスごとに）$i \geq 0$ が存在して，次が成り立つ：

$$({}^\forall j < i)(M, s_j \models \varphi) \text{ かつ } M, s_i \models \psi.$$

(16) $M, s_0 \models \varphi \mathsf{EU} \psi$

$\iff$ s_0 から始まるある無限パス $s_0 \rightsquigarrow s_1 \rightsquigarrow \cdots$ と $i \geq 0$ が存在して，次が成り立つ：

$$({}^{\forall}j < i)(M, s_j \models \varphi) \text{ かつ } M, s_i \models \psi.$$

(17) $M, s_0 \models \varphi \mathsf{AW} \psi$

$\iff$ s_0 から始まる任意の無限パス $s_0 \rightsquigarrow s_1 \rightsquigarrow \cdots$ に対して，パスごとに次の (ア)(イ) のどちらかが成り立つ．

(ア) ある $i \geq 0$ が存在して，次が成り立つ：

$$({}^{\forall}j < i)(M, s_j \models \varphi) \text{ かつ } M, s_i \models \psi.$$

(イ) すべての $j \geq 0$ に対して $M, s_j \models \varphi$.

(18) $M, s_0 \models \varphi \mathsf{EW} \psi$

$\iff$ s_0 から始まるある無限パス $s_0 \rightsquigarrow s_1 \rightsquigarrow \cdots$ が存在して，次の (ア)(イ) のどちらかが成り立つ．

(ア) ある $i \geq 0$ が存在して，次が成り立つ：

$$({}^{\forall}j < i)(M, s_j \models \varphi) \text{ かつ } M, s_i \models \psi.$$

(イ) すべての $j \geq 0$ に対して $M, s_j \models \varphi$.

なお，(15)～(18) の状態 s_i のことを**最終証拠**とよぶ．

AX と EX はそれぞれ $\mathbf{K}$ における $\Box$ と $\Diamond$ と同じ意味である．AG は 2.7 節の $\Box^*$ と同じ意味である．論理式 AGφ, EGφ, AFφ, EFφ, φAUψ, φEUψ のそれぞれが計算木の根で真になる典型的な例が図 3.2 と図 3.3 である（丸の中の φ, ψ はそれぞれがそこで真であることを表し，二重丸は最終証拠を表している）．

φAWψ と φEWψ はそれぞれ φAUψ と φEUψ の成立条件を「そのパスで φ がずっと成り立つのならば最終証拠がなくてもよい」として弱めたものである．たとえば，図 3.4 のモデル（すなわち $\langle\{\circ\}, \rightsquigarrow, f\rangle$, $\circ \rightsquigarrow \circ$, $f(p, \circ) = \mathsf{true}$, $f(q, \circ) = \mathsf{false}$ というモデル）を考えると，このモデルの唯一の無限パスは $\circ \rightsquigarrow \circ \rightsquigarrow \cdots$ であり，状態 $\circ$ で $p\mathsf{AW}q$ と $p\mathsf{EW}q$ は共に真だが，最終証拠がないので $p\mathsf{AU}q$ と $p\mathsf{EU}q$ は偽である．

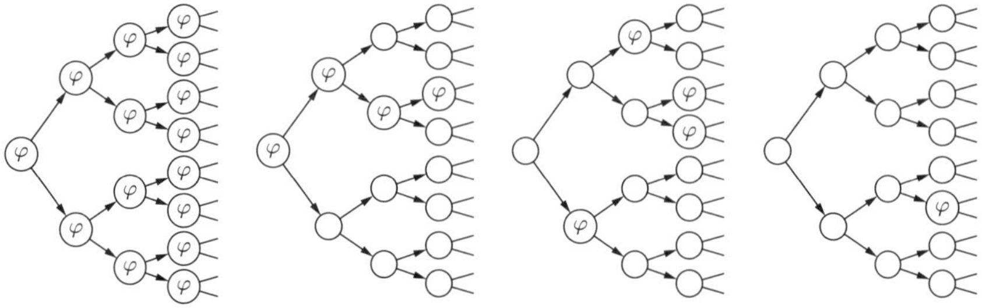

(a) AGφ (b) EGφ (c) AFφ (d) EFφ

図 3.2 AGφ, EGφ, AFφ, EFφ が成り立つ典型的な形

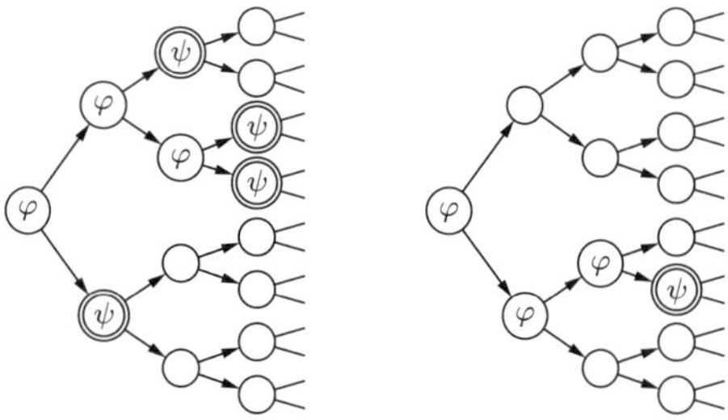

(a) φAUψ (b) φEUψ

図 3.3 φAUψ, φEUψ が成り立つ典型的な形

図 3.4 pAWq と pEWq は真，pAUq と pEUq は偽になるモデル

注意 3.1.6 G または AG の意味の記号として □ を用いる流儀もある（たとえば 2.1 節での時相論理の説明）．その流儀では，F と X の意味を表す記号として ◊ と ◯ をそれぞれ用いる．また A, E ではなく，∀, ∃ を用いる流儀もある．

3.2 モデル検査

前節の p.52 に再掲した図 2.2 の機械を考え，人間がボタン操作をずっと続けると仮定する．初期状態が 1 だとして「電源がオンになれば作動できる」という主張は正しいだろうか．

これを検証するために，以下では，この主張を **CTL** 論理式で書いて状態 1 での真偽を考える．この主張に対する論理式には複数の候補があるので，それらを比較することで様相記号の具体的な使い方を見るとともに，文章だと曖昧な部分が論理式によって正確かつ簡潔に書けるということを見てほしい．なお，p は電源オンを表す命題変数，s は作動中を表す命題変数である．

まず，$\mathsf{AG}(p \to \cdots)$ という形の論理式は「どんな遷移をしていても，電源がオンのときには $\cdots$」という意味になるので，次の三つの候補が考えられる．

【候補 φ】 $\mathsf{AG}(p \to \mathsf{EF}s)$

どんな遷移をしていても，電源がオンのときにはそれ以降うまく遷移すればいつかは作動する．

【候補 φ_{EX}】 $\mathsf{AG}(p \to \mathsf{EX}s)$ （φ の EF を EX に変えたもの）

どんな遷移をしていても，電源がオンのときにはその次にうまく 1 回（0 回でも 2 回でもなく）ボタンを押して作動できる．

【候補 φ_{AF}】 $\mathsf{AG}(p \to \mathsf{AF}s)$ （φ の EF を AF に変えたもの）

どんな遷移をしていても，電源がオンのときにはそれ以降どのように遷移しても必ずいつかは作動する．

すると，状態 1 で φ は真である．なぜなら，電源がオンの状態は 2 と 3 であるが，2 ならばスタートボタンを押せば作動するし，3 ならばすでに作動しているからである．一方で φ_{EX} は偽である．なぜなら，状態 3 で p が真だが，1 ステップ遷移先の 1 と 2 では共に s が偽であるからである．また，φ_{AF} も偽である．なぜなら，電源ボタンだけを押し続けて $1 \rightsquigarrow 2 \rightsquigarrow 1 \rightsquigarrow 2 \rightsquigarrow \cdots$ と遷移すると，p が真になってもいつまでも s が偽のままだからである．大人がボタン操作をすれば当然作動させることができるが，幼児がでたらめにボタンを押して遊んでいる場合は電源はオンになってもいつまでも作動しないということが起こり得るのである．

次に，$\neg p\ \mathsf{AW}\ (p \wedge \cdots)$ という形の論理式を考える．これが「どんな遷移を経ても，初めて電源がオンになったら $\cdots$」という意味になることを，AW の定義に沿って確認してほしい．この形の論理式の候補が以下の三つである．

【候補 ψ】 $\neg p$ AW $(p \wedge \mathsf{EF}s)$

どんな遷移を経ても，初めて電源がオンになったらそれ以降うまく遷移すればいつかは作動する．

【候補 ψ_{EX}】 $\neg p$ AW $(p \wedge \mathsf{EX}s)$ （ψ の EF を EX に変えたもの）

どんな遷移を経ても，初めて電源がオンになったらその次にうまく 1 回ボタンを押して作動できる．

【候補 ψ_{AF}】 $\neg p$ AW $(p \wedge \mathsf{AF}s)$ （ψ の EF を AF に変えたもの）

どんな遷移を経ても，初めて電源がオンになったらそれ以降どのように遷移しても必ずいつかは作動する．

すると，状態 1 で ψ は真である．なぜなら，もしも作動ボタンしか押されずにずっと電源オフのままならば ψ は真であるし，初めて電源ボタンが押されてオンになればそのときの状態は 2 で，その後作動ボタンを押せばよいからである．さらに，ψ よりも強い主張である ψ_{EX} も，同じ理由で真である（先ほどの φ_{EX} が偽であったことと対照的である）．一方で ψ_{AF} は偽である．その根拠は先ほどの φ_{AF} が偽であったのと同じである．

この例のように，検証したいシステムを状態数が有限の **CTL** モデルで表し，検証したい性質を **CTL** 論理式で書いて（**CTL** 以外を用いる場合もある），それが成り立つか否かを判定する，というのが**モデル検査**¶2 である．この例は状態数が少ないので，論理式の真偽は人間が見て簡単にわかるが，状態数が多くなると人力での判定は無理なため，コンピュータを用いる必要がある．そして，それがコンピュータで計算可能であることを保証するのが，3.4 節で示される **CTL** の真偽の計算可能性（定理 3.4.1）である．

注意 3.2.1 上では検証したいシステム・性質から **CTL** モデル・論理式を作る部分を含めてモデル検査とよんだが，単に真偽判定問題（定義 2.5.1）のことをモデル検査とよぶ場合もある．

¶2 モデル検査については文献 [19] や [12] の 7 群 1 編を参照してほしい．

演習問題 3.2.2 上の例に対して，さらなる解釈の候補となる次の二つの論理式の真偽を考えよ．

$\mathsf{EG}(p \to \mathsf{AF}s)$ （φ_{AF} の AG を EG に変えたもの）．
$\neg p \ \mathsf{AU}\ (p \wedge \mathsf{EF}s)$ （ψ の AW を AU に変えたもの）．

3.3 様相記号の相互関係と再帰的定義

この節では，様相記号の相互関係を分析し，10 種類の様相記号のうちの 3 種類だけを使えば残りの様相記号が表現できることを示す．また，様相記号の再帰的定義についても説明する．

はじめに恒真性，同値性を定義する．

定義 3.3.1 ［CTL 恒真, CTL 同値］ φ が **CTL 恒真**であるとは，任意の **CTL** モデル M とその中の任意の状態 s に対して $M, s \models \varphi$ となることである．φ と ψ が **CTL 同値**であるとは，任意の **CTL** モデル M とその中の任意の状態 s に対して $M, s \models \varphi \iff M, s \models \psi$ となることである．

この節では φ と ψ が **CTL** 同値であることを $\varphi \equiv \psi$ と表記する．この式を同値式という．

さて，AX, EX は **K** における $\Box, \Diamond$ と同じ働きをするので，2.4 節の演習問題 2.4.5(1) で次が示されていることになる．

$$\mathsf{AX}\varphi \equiv \neg\mathsf{EX}\neg\varphi, \quad \mathsf{EX}\varphi \equiv \neg\mathsf{AX}\neg\varphi \tag{3.1}$$

つまり，AX と EX は互いに他方の記号を用いて表現でき，片方だけがあればもう片方は省略形だと思ってもよい．この関係を図 3.5 で $\leftrightarrow$ で表す（図中の AX$\leftrightarrow$EX の上に書かれた「3.1」は上記の式番号である）．

同様に次も成り立つ．

$$\mathsf{AG}\varphi \equiv \neg\mathsf{EF}\neg\varphi, \quad \mathsf{EF}\varphi \equiv \neg\mathsf{AG}\neg\varphi \tag{3.2}$$

$$\mathsf{AF}\varphi \equiv \neg\mathsf{EG}\neg\varphi, \quad \mathsf{EG}\varphi \equiv \neg\mathsf{AF}\neg\varphi \tag{3.3}$$

さらに，各記号の定義から次も簡単にわかる．

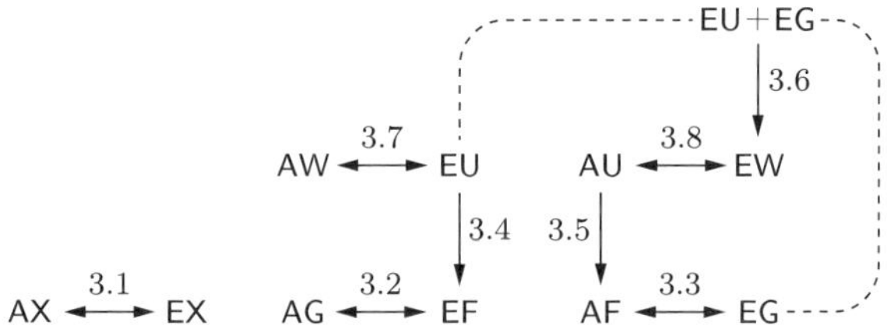

図 3.5 様相記号の相互関係

$$\mathsf{EF}\varphi \equiv \top\mathsf{EU}\varphi \tag{3.4}$$

$$\mathsf{AF}\varphi \equiv \top\mathsf{AU}\varphi \tag{3.5}$$

$$\alpha\mathsf{EW}\beta \equiv (\alpha\mathsf{EU}\beta) \vee \mathsf{EG}\alpha \tag{3.6}$$

式 (3.4), (3.5), (3.6) からいえるのは，それぞれの右辺の様相記号を使って左辺の様相記号を表現できる，ということであり，それを図 3.5 では下向きの矢印で表している．それぞれの証明は演習問題 3.3.3 で行う．

図中の「3.7」と「3.8」を示すのは少々難しいので，そのための準備をする．モデルとその中の無限パス $s_0 \rightsquigarrow s_1 \rightsquigarrow \cdots$ を任意に固定し，この無限パスを P とよぶ．そして，一般に論理式 φ, ψ に対して $P \models \varphi\mathsf{U}\psi$ と $P \models \varphi\mathsf{W}\psi$ という条件を次で定義する．

$P \models \varphi\mathsf{U}\psi \iff$ ある $i \geq 0$ が存在して，$({}^\forall j < i)(s_j \models \varphi)$ かつ $s_i \models \psi$ が成り立つ（この s_i を最終証拠とよぶ）

$P \models \varphi\mathsf{W}\psi \iff P \models \varphi\mathsf{U}\psi$，または，すべての $j \geq 0$ に対して $s_j \models \varphi$

したがって，「この条件を満たすパス P が存在する」というのが $s_0 \models \varphi\mathsf{EU}\psi$ と $s_0 \models \varphi\mathsf{EW}\psi$ であり，「s_0 から始まるすべてのパス P がこの条件を満たす」というのが $s_0 \models \varphi\mathsf{AU}\psi$ と $s_0 \models \varphi\mathsf{AW}\psi$ である．

補題 3.3.2 上記の設定で，任意の α, β について次が成り立つ．

(1) $P \models \alpha\mathsf{U}\beta \iff P \not\models \neg\beta\ \mathsf{W}\ (\neg\alpha \wedge \neg\beta)$.

(2) $P \models \alpha\mathsf{W}\beta \iff P \not\models \neg\beta\ \mathsf{U}\ (\neg\alpha \wedge \neg\beta)$.

［証明］【(1) の ⇒ の証明】$P \models \alpha\mathsf{U}\beta$ を仮定して，

(†) $P \not\models \neg\beta\ \mathsf{U}\ (\neg\alpha \wedge \neg\beta)$

(‡) ある n について $s_n \not\models \neg\beta$

を示す．仮定から $\alpha\mathsf{U}\beta$ の最終証拠が存在するので，それを s_k とする．すなわち「$j < k$ なるすべての j で $s_j \models \alpha$ かつ $s_k \models \beta$」が成り立つ．ここで，もし $\neg\beta\mathsf{U}(\neg\alpha\wedge\neg\beta)$ の最終証拠 s_x が存在するとしたら，それは次の (a) と (b) を満たす必要がある．

(a) $j < x$ なるすべての j で $s_j \models \neg\beta$.
(b) $s_x \models \neg\alpha\wedge\neg\beta$.

しかし，$x \leq k$ ならば (b) が成り立たないし，$k < x$ ならば (a) が成り立たない．すなわち (†) が示された．(‡) については $n = k$ とすればよい．

【(1) の ⇐ の証明】$P \not\models \neg\beta\ \mathsf{W}\ (\neg\alpha \wedge \neg\beta)$ を仮定して $P \models \alpha\mathsf{U}\beta$ の最終証拠が存在することを示す．まず仮定から $s_i \models \beta$ なる s_i が少なくとも一つは存在する（すべての s_i で $\neg\beta$ が真だと $P \models \neg\beta\mathsf{W}(\cdots)$ になるので）．そこでそのような最小の i を k として，s_k が求める最終証拠であることを示す．そのためには $j < k$ なる任意の j で α が真であればよいが，これは次で示される．

もしも $j < k$ かつ $s_j \models \neg\alpha$ なる j があったら，その s_j が $\neg\beta\mathsf{U}(\neg\alpha\wedge\neg\beta)$ の最終証拠になってしまい仮定に反する．

(2) も同様に示される（演習問題 3.3.3）． ■

この補題を用いて次を示すことができる．

$$\alpha\mathsf{AW}\beta \equiv \neg(\neg\beta\ \mathsf{EU}\ (\neg\alpha \wedge \neg\beta)), \quad \alpha\mathsf{EU}\beta \equiv \neg(\neg\beta\ \mathsf{AW}\ (\neg\alpha \wedge \neg\beta)) \tag{3.7}$$

$$\alpha\mathsf{AU}\beta \equiv \neg(\neg\beta\ \mathsf{EW}\ (\neg\alpha \wedge \neg\beta)), \quad \alpha\mathsf{EW}\beta \equiv \neg(\neg\beta\ \mathsf{AU}\ (\neg\alpha \wedge \neg\beta)) \tag{3.8}$$

演習問題 3.3.3 式 (3.2)〜(3.6)，補題 3.3.2(2)，および式 (3.7), (3.8) を証明せよ．

以上の結果をまとめると，次の定理が示されたことになる．

定理 3.3.4 様相記号の三つのグループ {AX, EX}, {AW, EU}, {AU, EW, AF, EG} それぞれから一つずつ記号を任意に選べば，その三つだけを使って他の様相記号を表現できる．

［証明］ 図 3.5 を見ればわかる. ■

次に，様相記号の再帰的定義について説明する．2.7 節で示した $\Box^*\varphi \equiv \varphi \wedge \Box\Box^*\varphi$ は，$\Box^*, \Box$ を AG, AX に置き換えてもよい．また，他の様相記号に対しても似たような同値式があり，それらをまとめたのが次の定理である．

定理 3.3.5

$$\begin{aligned} &\mathsf{AG}\varphi \equiv \varphi \wedge \mathsf{AXAG}\varphi, && \mathsf{EG}\varphi \equiv \varphi \wedge \mathsf{EXEG}\varphi, \\ &\mathsf{AF}\varphi \equiv \varphi \vee \mathsf{AXAF}\varphi, && \mathsf{EF}\varphi \equiv \varphi \vee \mathsf{EXEF}\varphi, \\ &\alpha\mathsf{AU}\beta \equiv \beta \vee (\alpha \wedge \mathsf{AX}(\alpha\mathsf{AU}\beta)), && \alpha\mathsf{EU}\beta \equiv \beta \vee (\alpha \wedge \mathsf{EX}(\alpha\mathsf{EU}\beta)), \\ &\alpha\mathsf{AW}\beta \equiv \beta \vee (\alpha \wedge \mathsf{AX}(\alpha\mathsf{AW}\beta)), && \alpha\mathsf{EW}\beta \equiv \beta \vee (\alpha \wedge \mathsf{EX}(\alpha\mathsf{EW}\beta)) \end{aligned}$$

［証明］ $\alpha\mathsf{AU}\beta \equiv \beta \vee (\alpha \wedge \mathsf{AX}(\alpha\mathsf{AU}\beta))$ だけ示す（他も同様に示すことができる）．モデルと状態 s を任意にとり，条件 (L), (R1), (R2) を次で定める．

(L) $s \models \alpha\mathsf{AU}\beta$.
(R1) $s \models \beta$.
(R2) $s \models \alpha \wedge \mathsf{AX}(\alpha\mathsf{AU}\beta)$.

【(L) ならば (R1) または (R2) の証明】(L) を仮定する．(R1) が成立しているならば証明が終わるので，以下では (R1) が非成立の場合を考える．このとき，s は (L) の最終証拠にならないので $s \models \alpha$ のはずである．よって，(R2) を示すために $s \models \mathsf{AX}(\alpha\mathsf{AU}\beta)$ を示せばよいので，$s \rightsquigarrow t$ なる任意の t に対して $t \models \alpha\mathsf{AU}\beta$ を示す．そのためには，t から始まる任意の無限パスの中に $t \models \alpha\mathsf{AU}\beta$ の最終証拠があることを示せばよい．この無限パスの先頭に $s \rightsquigarrow$ を追加したものは s から始まる無限パスなので，そこには $s \models \alpha\mathsf{AU}\beta$ の最終証拠があるはずだが，(R1) が非成立よりそれは s ではないので，t 以降に最終証拠があることがわかる．

【(R1) または (R2) ならば (L) の証明】(R1) または (R2) を仮定する．(L) を示すために s から始まる任意の無限パス $s \rightsquigarrow s_1 \rightsquigarrow s_2 \rightsquigarrow \cdots$ の中に $s \models \alpha\mathsf{AU}\beta$ の最終証拠があることを示す．(R1) の場合は s が求める最終証拠である．(R2) の場合は $s_1 \models \alpha\mathsf{AU}\beta$ になるので，$s_1 \rightsquigarrow s_2 \rightsquigarrow \cdots$ の中に $s_1 \models \alpha\mathsf{AU}\beta$ の最終証拠 s_n があるはずで，$s \models \alpha$ と合わせて s_n が求める (L) の最終証拠になる． ■

2.7 節で $\Box^*$ について述べたように，上の定理で示された同値式は様相記号

AG, EG, AF, EF, AU, EU, AW, EW それぞれの，AX と EX だけを使った再帰的な定義とみなせる．ただし一つ注意が必要である．それは，AU と AW の式が同じ形をしており，EU と EW の式も同じ形をしているということである．つまり，たとえば $\alpha \bullet \beta \equiv \beta \vee (\alpha \wedge \mathsf{AX}(\alpha \bullet \beta))$ を満たす二項演算子 $\bullet$ は一つには定まらず，その意味ではこの同値式は様相記号の「定義」とはいえない．なお，次章ではこのような状況が一般的に論じられる（次章の言葉を使えば AU と EU は最小不動点であり，AW と EW は最大不動点である．注意 4.5.4 および演習問題 4.8.6 参照）．

3.4 基本性質

この節では，**CTL** の基本性質 — 証明体系の健全性と完全性，真偽の計算可能性，恒真性の計算可能性，有限モデル性 — を示す．ただし，第 2 章の **K** のときと同様に，完全性と有限モデル性の証明は後回しにする．

まず真偽の計算可能性を示す．**CTL** の場合は **K** と違って真偽の計算可能性が自明ではない．

> **定理 3.4.1［CTL の真偽の計算可能性］** 与えられた有限 **CTL** モデル M，状態 s，論理式 φ に対して $M, s \models \varphi$ か否かを判定する問題は計算可能である．

［証明］ まず定理 3.3.4 によって，様相記号は AX, EU, EG だけであるとする．**K** 論理式の真偽の計算と同様に，$M, s \models \varphi$ か否かの判定は定義 3.1.5 に沿って φ をばらしながら計算をしていけばよい．しかし，M が有限モデルであっても無限パスは一般に無限個存在して（たとえば図 3.1）それぞれが無限長なので，定義に従って愚直に計算しようとすると無限の手間がかかってしまう．以下では，それを回避する方法を説明する．

AX は **K** の □ と同じなので，**K** のときと同様にできる．また $s_0 \models \alpha \mathsf{EU} \beta$，つまり

$$s_0 \text{ から始まる無限パス } s_0 \rightsquigarrow s_1 \rightsquigarrow \cdots \text{ と } i \geq 0 \text{ が存在して次が成り立つ：}$$
$$({}^{\forall} j < i)(s_j \models \alpha) \text{ かつ } s_i \models \beta$$

の成否を計算するには，まず α と β の真偽をすべての状態について計算しておいて，それを用いて「α が真の状態だけを通って β が真の状態に到達できるか否か」を計算す

ればよい．状態数が有限なので，これは計算可能である．自明でないのは $s_0 \models \mathsf{EG}\alpha$，つまり

> s_0 から始まる無限パス $s_0 \rightsquigarrow s_1 \rightsquigarrow \cdots$ が存在して，任意の $i \geq 0$ に対して $s_i \models \alpha$

の成否の計算であるが，実は有限モデルにおいては，これは次の条件と同値である．

($\heartsuit$) 互いに異なる状態 $s_0, s_1, \ldots, s_n$（$n \geq 0$）が存在して，次の3条件が成り立つ．
- (1) すべての i で $s_i \models \alpha$.
- (2) $s_0 \rightsquigarrow s_1 \rightsquigarrow \cdots \rightsquigarrow s_n$.
- (3) ある k について $s_n \rightsquigarrow s_k$.

なぜなら，もしこのような $s_0, s_1, \ldots, s_n$ があれば，(2) の後に $\rightsquigarrow s_k \rightsquigarrow s_{k+1} \rightsquigarrow \cdots \rightsquigarrow s_n$ を無限回繰り返すことで α が成り立ち続ける無限パスが作れるし，逆にもし α が成り立ち続ける無限パスがあれば，その中には必ず重複して出現する状態があるので（状態数が有限だから），初めて重複が現れる直前までを $s_0, s_1, \ldots, s_n$ とすれば上記が成り立つからである．($\heartsuit$) の成否は，まず各状態での α の真偽を計算しておいて，それを参照しながら所望の $s_0, s_1, \ldots, s_n$ をとれるか否かを有限個の状態の中で確認すればよいので，計算可能である．■

次に有限モデル性を示す．

定義 3.4.2　充足関係の定義に無限パスが登場する8種類の様相記号 AG, EG, AF, EF, AU, EU, AW, EW を「U 系の様相記号」とよぶ．φ 中の括弧を除く記号の出現数を $\mathrm{Lh}(\varphi)$ と表記して，φ の長さとよぶ．ただし，U 系の様相記号はそれぞれを「記号2個」として数える（AX, EX は $\Box, \Diamond$ と同じなのでそれぞれ記号1個とみなすが，たとえば AG は $\Box^*$ と同じなので「$\Box$ と $*$ で2個」と思えばよい）．また，φ 中の U 系の様相記号の出現数を $\mathrm{N}_{\mathsf{U}}(\varphi)$ と書く．

例 3.4.3　$\varphi = \mathsf{AXEG}(p\mathsf{AU}q) \land \mathsf{EG}p$ とすると，$\mathrm{Lh}(\varphi) = 11$ および $\mathrm{N}_{\mathsf{U}}(\varphi) = 3$. ◢

定理 3.4.4 [CTL の有限モデル性] φ が **CTL** 恒真でないならば，状態数が $2^{2^{\mathrm{Lh}(\varphi)}} \cdot 2^{\mathrm{Lh}(\varphi)} \cdot (\mathrm{N_U}(\varphi)+1)$ 以下のある **CTL** モデルのある状態で φ が偽になる.

[証明] 3.6 節で完全性と一緒に証明される. ■

定理 3.4.5 [CTL の恒真性判定の計算可能性] **CTL** の恒真性判定問題は計算可能である.

[証明] **K** のときの定理 2.5.9 と同様に，真偽の計算可能性（定理 3.4.1）と状態数計算方法付き有限モデル性（定理 3.4.4）を用いて示される. ■

最後に **CTL** の証明体系を与えるが，議論を簡単にするため定理 3.3.4 によって様相記号を AX, EU, AU だけにしておく.

定義 3.4.6 [体系 $\mathcal{H}_{\mathbf{CTL}}$] $\mathcal{H}_{\mathbf{CTL}}$ は **CTL** 論理式を導出する体系で，以下の公理と推論規則からなる（名前に $^{\mathbf{K}}$ が付いているのは同等なものが $\mathcal{H}_{\mathbf{K}}$ に存在することを表す）.

公理

トートロジーの形の **CTL** 論理式	（トートロジー公理）$^{\mathbf{K}}$
$\mathsf{AX}(\varphi \to \psi) \to (\mathsf{AX}\varphi \to \mathsf{AX}\psi)$	（**K** 公理）$^{\mathbf{K}}$
$\mathsf{AX}\varphi \to \mathsf{EX}\varphi$	（継続性公理）
$(\alpha\mathsf{AU}\beta) \leftrightarrow \big(\beta \vee \big(\alpha \wedge \mathsf{AX}(\alpha\mathsf{AU}\beta)\big)\big)$	（AU 公理）
$(\alpha\mathsf{EU}\beta) \leftrightarrow \big(\beta \vee \big(\alpha \wedge \mathsf{EX}(\alpha\mathsf{EU}\beta)\big)\big)$	（EU 公理）

推論規則

$$\frac{\varphi \to \psi \quad \varphi}{\psi}$$ （分離規則）$^{\mathbf{K}}$

$$\frac{\varphi}{\mathsf{AX}\varphi}$$ （AX 規則）$^{\mathbf{K}}$

$$\frac{\beta \vee (\alpha \wedge \mathsf{AX}\gamma) \to \gamma}{(\alpha\mathsf{AU}\beta) \to \gamma}$$ （AU 帰納法規則）

$$\frac{\beta \vee (\alpha \wedge \mathsf{EX}\gamma) \to \gamma}{(\alpha\mathsf{EU}\beta) \to \gamma}$$ （EU 帰納法規則）

この体系で論理式 φ が証明できることを $\mathcal{H}_{\mathbf{CTL}} \vdash \varphi$ と書く．

注意 3.4.7　継続性公理は 2.10 節の $\mathsf{G}^{0,1,0,1}$ と同じである．AU 公理と EU 公理は定理 3.3.5 で示された同値式と同じである．AU 帰納法規則と EU 帰納法規則は次章の様相ミュー計算の推論規則と同じである（注意 4.5.4 参照）．

定理 3.4.8 ［$\mathcal{H}_{\mathbf{CTL}}$ の健全性・完全性］　任意の論理式 φ について，次の 2 条件は同値である．

(1) φ は **CTL** 恒真である．
(2) $\mathcal{H}_{\mathbf{CTL}} \vdash \varphi$.

［証明］　完全性 $(1 \Rightarrow 2)$ は 3.6 節で証明される．ここでは健全性 $(2 \Rightarrow 1)$ だけを示す．そのために，公理がすべて **CTL** 恒真であることと，推論規則が **CTL** 恒真性を保存することを示す．$^{\mathbf{K}}$ が付いている公理・規則は第 2 章の $\mathcal{H}_{\mathbf{K}}$ のときと同じである．継続性公理については定理 2.10.5 で示されている（遷移関係の継続性を用いる）．AU 公理と EU 公理については定理 3.3.5 で示されている．AU 帰納法規則と EU 帰納法規則が **CTL** 恒真性を保存することは似たような議論で示すことができるので，以下では AU 帰納法規則について示す（EU については演習問題にする）．

モデルを任意に固定して，(†)「$\beta \vee (\alpha \wedge \mathsf{AX}\gamma) \to \gamma$ がすべての状態で真」を仮定して，すべての状態で $(\alpha \mathsf{AU} \beta) \to \gamma$ が真であることを示す．そこでこの対偶を示すために，ある状態で $(\alpha \mathsf{AU} \beta) \to \gamma$ が偽，すなわち

$$s_0 \models (\alpha \mathsf{AU} \beta) \wedge \neg\gamma$$

なる状態 s_0 を仮定して，(†) の否定，すなわち次を満たす状態 t_1 または t_2 の存在を示すことを目標にする．

$$t_1 \models \beta \wedge \neg\gamma\,, \quad t_2 \models \alpha \wedge \mathsf{AX}\gamma \wedge \neg\gamma$$

s_0 から出発して，次の手続きで状態を遷移していく：$\mathsf{AX}\gamma$ が真ならばそこで停止，そうでないならば 1 ステップ先に γ が偽な状態が一つ以上あるので，その中の好きな状態に進む．これを繰り返してできる状態遷移列を $s_0 \rightsquigarrow s_1 \rightsquigarrow s_2 \rightsquigarrow \cdots$ とする．定義からすべての i について $s_i \models \neg\gamma$ である．

さて，もしこの手続きで無限列ができる場合は，その中に $\alpha \mathsf{AU} \beta$ の最終証拠があるはずで，それが目標の状態 t_1 になっている．もしこの手続きが状態 s_n で停止した

場合は，停止するまでに αAUβ の最終証拠が登場していればそれが目標の t_1 であるし，登場していなければ $s_0 \models \alpha$AUβ の定義により α はずっと真なので，停止条件の $s_n \models$ AXγ と合わせて s_n が目標の状態 t_2 であることがいえる． ■

□ **演習問題 3.4.9** EU 帰納法規則が **CTL** 恒真性を保存することを示せ．

3.5 周辺の論理

CTL の周辺の時相論理として有名な **LTL** と **CTL*** を簡単に紹介する．

LTL

LTL（linear temporal logic, 線形時相論理）は **CTL** と様相記号が少し異なり，モデルも異なる論理である．**LTL** のモデルは **CTL** モデルに次の条件を課したものである．

> 各状態 s にその次の状態（すなわち $s \rightsquigarrow t$ を満たす t）が，**ただ一つ**存在する．

つまり，パスが分岐せず一本道ということである．様相記号は X, G, F, U, W の五つになる．これは，パスが一本道なので AX と EX の差がなくなって X になったのであり，G, F, U, W についても同様である．正確には，**LTL** 論理式と充足関係は次のようになる．

定義 3.5.1［LTL の論理式］ 命題論理の論理式の定義 1.1.1 に次を追加する．

(3) φ と ψ が論理式ならば，以下はすべて論理式である．

$$(\mathsf{X}\varphi),\quad (\mathsf{G}\varphi),\quad (\mathsf{F}\varphi),\quad (\varphi\ \mathsf{U}\ \psi),\quad (\varphi\ \mathsf{W}\ \psi)$$

定義 3.5.2［LTL の充足関係］ $M = \langle S, \rightsquigarrow, f\rangle$ のとき関係 $\models$ を以下で定める．

(1~8) $M, s \models p, \top, \bot, \neg\varphi, \varphi\wedge\psi, \varphi\vee\psi, \varphi\to\psi, \varphi\leftrightarrow\psi$ の定義は **K** と同じ（すなわち定義 2.2.7 の (1)~(8) と同じ）.

(9) $M, s_0 \models \mathsf{X}\varphi \iff s_0 \rightsquigarrow s_1$ となる s_1 に対して $M, s_1 \models \varphi$.

(10) $M, s_0 \models \mathsf{G}\varphi \iff s_0 \rightsquigarrow s_1 \rightsquigarrow \cdots \rightsquigarrow s_i$ となる任意の $i \geq 0$ に対して $M, s_i \models \varphi$.

(11) $M, s_0 \models \mathsf{F}\varphi \iff s_0 \rightsquigarrow s_1 \rightsquigarrow \cdots \rightsquigarrow s_i$ となるある $i \geq 0$ が存在して $M, s_i \models \varphi$.

(12) $M, s_0 \models \varphi\mathsf{U}\psi \iff s_0 \rightsquigarrow s_1 \rightsquigarrow \cdots \rightsquigarrow s_i$ となるある $i \geq 0$ が存在して次が成り立つ：

$(^\forall j < i)(M, s_j \models \varphi)$ かつ $M, s_i \models \psi$.

(13) $M, s_0 \models \varphi\mathsf{W}\psi \iff M, s_0 \models \varphi\mathsf{U}\psi$ または $M, s_0 \models \mathsf{G}\varphi$.

たとえば，$\mathsf{GF}\varphi$ は「パス上で φ が無限回成り立つ」という意味になる．

CTL* ――――――――

CTL*(full computation tree logic ともよばれる）は **LTL** に様相記号 A と E を追加して，モデルは一本道とは限らず分岐を許した論理である．つまり，**CTL*** のモデルに要請される条件は **CTL** と同じで，継続性だけである．論理式の定義は次のようになる．

定義 3.5.3 ［CTL* の論理式］ **LTL** の論理式の定義 3.5.1 に次を追加する．

(4) φ が論理式ならば，次の二つは論理式である．

$$(\mathsf{A}\varphi), \quad (\mathsf{E}\varphi)$$

CTL や **LTL** では論理式の真理値は状態を指定すれば定まった．しかし，**CTL*** 論理式の真理値は状態だけではなく，「どのパスで考えるか」にも依存する．そこで，充足関係を

$$M, P, s \models \varphi$$

というように，モデル M，無限パス P，状態 s（ただし s は P 上にある）と論理式 φ に対して定める．なお，同じ状態がパス上に複数回登場する場合にはそれらを別物として扱う（後述の例 3.5.5 参照）．

定義 3.5.4［CTL* の充足関係］　$P = s_0 \rightsquigarrow s_1 \rightsquigarrow \cdots$ とする．命題論理の論理記号の充足関係はいままでと同じ，つまり定義 2.2.7 の (1)~(8) に単に「P」を追加する．たとえば

$$M, P, s_i \models \varphi \wedge \psi \quad \Longleftrightarrow \quad M, P, s_i \models \varphi \text{ かつ } M, P, s_i \models \psi$$

である．$\mathsf{X}, \mathsf{G}, \mathsf{F}, \mathsf{U}, \mathsf{W}$ に関しては，$s_i \rightsquigarrow s_{i+1} \rightsquigarrow \cdots$ を **LTL** のモデルとみなして解釈をする．たとえば

$$M, P, s_i \models \mathsf{G}\varphi \quad \Longleftrightarrow \quad ({}^{\forall} j \geq 0)(M, P, s_{i+j} \models \varphi)$$

である．A, E はパスを量化する．つまり次のようになる．

$$M, P, s_i \models \mathsf{A}\varphi \quad \Longleftrightarrow \quad s_i \text{ を始点とする任意の無限パス } Q = s_i \rightsquigarrow t_1 \rightsquigarrow t_2 \rightsquigarrow \cdots \text{ に対して，} M, Q, s_i \models \varphi.$$

$$M, P, s_i \models \mathsf{E}\varphi \quad \Longleftrightarrow \quad s_i \text{ を始点とするある無限パス } Q = s_i \rightsquigarrow t_1 \rightsquigarrow t_2 \rightsquigarrow \cdots \text{ が存在して，} M, Q, s_i \models \varphi.$$

例 3.5.5　M を図 2.2（機械動作のモデル）として，その中の無限パス Q を $1 \rightsquigarrow 1 \rightsquigarrow 2 \rightsquigarrow 3 \rightsquigarrow \cdots$ とする．このとき，Q の先頭の状態 1 を $\underline{1}$，2 番目の状態 1 を $\underline{\underline{1}}$ と書けば，

$$M, Q, \underline{1} \models \neg\mathsf{X}p \qquad M, Q, \underline{\underline{1}} \models \mathsf{X}p$$

である．◢

CTL* は **CTL** を拡張した論理になる．正確には次がいえる．

(1) **CTL** の各論理式 φ に対して，同じ意味の **CTL*** 論理式が存在する．たとえば，**CTL** 論理式 $\mathsf{AF}p$ に対しては **CTL*** 論理式 $\mathsf{AF}p$ が同じ意味になる（前者の AF は一つの様相記号，後者の AF は様相記号 A と様相記

号 F の連続であるが，結果として同じ意味になっている）．また，**CTL** 論理式 $p\mathsf{EU}q$ に対しては **CTL*** 論理式 $\mathsf{E}(p\mathsf{U}q)$ が同じ意味である．

(2) **CTL** 論理式で表現できない **CTL*** 論理式が存在する．たとえば，$\mathsf{EGF}p$ は「p が無限回成り立つパスが存在する」を意味するが，この意味の論理式は **CTL** では書けない．

3.6 完全性と有限モデル性の証明 ［詳細］

本節では，文献 [25] の方法に基づいて $\mathcal{H}_{\mathbf{CTL}}$ の完全性と **CTL** の有限モデル性を証明する [¶3]．

はじめに $\mathcal{H}_{\mathbf{CTL}} \not\vdash \xi$ となる論理式 ξ を任意に固定する．この節の目標は次である．

目標　状態数が $2^{2^{\mathrm{Lh}(\xi)}} \cdot 2^{\mathrm{Lh}(\xi)} \cdot (\mathrm{N}_{\mathsf{U}}(\xi)+1)$ 以下で，ξ を偽にする **CTL** モデルを構成する．

これができれば，有限モデル性（定理 3.4.4）と完全性（定理 3.4.8 の $(1 \Rightarrow 2)$）は 2.8 節での **K** のときと同様に示される．以下の証明では 2.8 節の内容を前提とする．

まず，いくつか準備をする．

- $\mathcal{H}_{\mathbf{CTL}}$ を扱うので様相記号は $\mathsf{AX}, \mathsf{AU}, \mathsf{EU}$ だけである．ただし，EX は（省略形として）議論の中に頻繁に登場する．
- $\alpha\mathsf{AU}\beta$ と $\alpha\mathsf{EU}\beta$ という形の論理式をそれぞれ AU 論理式，EU 論理式とよび，これらを総称して U 論理式とよぶ．U 論理式を $\alpha\mathcal{Q}\mathsf{U}\beta$ と書く場合がある．$\mathcal{Q}$ は A または E である．
- U 論理式に対しては部分論理式の概念を拡張して，「$\mathsf{AX}(\alpha\mathsf{AU}\beta)$ は $\alpha\mathsf{AU}\beta$ の部分論理式であり，$\mathsf{EX}(\alpha\mathsf{EU}\beta)$ は $\alpha\mathsf{EU}\beta$ の部分論理式である」と定める．この意味での部分論理式全体を $\mathrm{Sub}^+(\cdot)$ と書く．たとえば $\mathrm{Sub}^+(\neg(p\mathsf{AU}q)) = \{\neg(p\mathsf{AU}q), p\mathsf{AU}q, \mathsf{AX}(p\mathsf{AU}q), p, q\}$ である．注意 2.2.3

¶3　文献 [25] では，**CTL** を様相記号 EGF（前節の最後参照）で拡張した論理の完全性・有限モデル性を証明している．この（**CTL** 部分の）証明の基本アイデアは，最終証拠を探す際に通過してきた状態を履歴として貯めておくというものだが，これは文献 [17] などでも採用されている．他の手法による **CTL** の完全性の証明はたとえば文献 [23] に載っている．

と同様に $|\mathrm{Sub}^+(\xi)| \le \mathrm{Lh}(\xi)$ が成り立つ（演習問題 3.6.1(1)）.

- $\mathrm{Sub}^{++}(\xi) = \mathrm{Sub}^+(\xi) \cup \{\top\mathsf{AU}\top, \mathsf{AX}\bot, \mathsf{AX}(\top\mathsf{AU}\top), \top, \bot\}$ とする．これが 2.8 節で $\mathrm{Sub}(\xi)$ が果たした役割と同じ役割を本節で果たす集合になる．なお，$\top\mathsf{AU}\top$ は補題 3.6.5 の証明のために，そして $\mathsf{AX}\bot$ は本節の最後の部分で M^+ の継続性を保証するために入っている．また，$\mathsf{AX}(\top\mathsf{AU}\top)$, $\top$, $\bot$ は $\mathrm{Sub}^{++}(\xi)$ を部分論理式に関して閉じさせるために入っている．
- $\mathcal{H}_{\mathbf{K}}$ について示した補題 2.8.2 と定理 2.8.4 は $\mathcal{H}_{\mathbf{CTL}}$ でも成り立つ（演習問題 3.6.1(2)）．したがって，トートロジー規則（定義 2.8.3）や同値変形規則（定義 2.8.5）は自由に使用する．
- 論理式 $\langle\!\langle \Gamma\Rightarrow\Delta \rangle\!\rangle = (\bigwedge\Gamma)\to(\bigvee\Delta)$ が $\mathcal{H}_{\mathbf{CTL}}$ で証明可能であることを「シークエント $\Gamma\Rightarrow\Delta$ が $\mathcal{H}_{\mathbf{CTL}}$ で証明可能」といい，$\mathcal{H}_{\mathbf{CTL}} \vdash \Gamma\Rightarrow\Delta$ と書く．
- 2.8 節でモデルを作った際の遷移関係を $\succ$ と表記する．すなわち，$\succ$ はシークエント間の二項関係であり，次で定義される．

$$(\Gamma\Rightarrow\Delta) \succ (\Pi\Rightarrow\Sigma) \iff ({}^\forall\varphi)(\mathsf{AX}\varphi \in \Gamma \text{ ならば } \varphi \in \Pi)$$

> **演習問題 3.6.1**
> (1) 任意の φ について $|\mathrm{Sub}^+(\varphi)| \le \mathrm{Lh}(\varphi)$ であることを示せ．
> (2) 補題 2.8.2 と定理 2.8.4 が $\mathcal{H}_{\mathbf{CTL}}$ でも成り立つことを示せ．

さて，2.8 節で $\mathcal{H}_{\mathbf{K}}$ の完全性のために作ったモデルの作り方をそのまま流用すると，モデル $M = \langle S, \succ, f\rangle$ が得られる．ただし S と f は以下のとおりである．

$$S = \{(\Gamma\Rightarrow\Delta) \mid \Gamma\Rightarrow\Delta \text{ は } \mathrm{Sub}^{++}(\xi) \text{ の } \mathcal{H}_{\mathbf{CTL}} \text{ 証明不可能な分割}\}$$
$$f(p, (\Gamma\Rightarrow\Delta)) = \mathsf{true} \iff p \in \Gamma$$

そして，$\mathrm{Sub}^{++}(\xi)$ の任意の要素 φ と S の任意の要素 $\Gamma_0\Rightarrow\Delta_0$ に対して，次の $(\heartsuit_{\mathrm{L}}), (\heartsuit_{\mathrm{R}})$ を φ の構成に関する帰納法で証明したい．

$(\heartsuit_{\mathrm{L}})$ $\varphi \in \Gamma_0$ ならば $M, (\Gamma_0\Rightarrow\Delta_0) \models \varphi$.

$(\heartsuit_{\mathrm{R}})$ $\varphi \in \Delta_0$ ならば $M, (\Gamma_0\Rightarrow\Delta_0) \not\models \varphi$.

その際，φ が $\mathsf{AX}\psi$, $\mathsf{EX}\psi$, $\alpha\mathsf{AU}\beta$, $\alpha\mathsf{EU}\beta$ の形のときに使えるのが次の性質である．

補題 3.6.2 以下の八つが成り立つ．ただし，$\Gamma \Rightarrow \Delta$ と $\Gamma' \Rightarrow \Delta'$ は S の要素を表す．

(AXL) $\mathsf{AX}\psi \in \Gamma$ ならば，$(\Gamma \Rightarrow \Delta) \succ (\Gamma' \Rightarrow \Delta')$ なる任意の $(\Gamma' \Rightarrow \Delta')$ で $\psi \in \Gamma'$.

(AXR) $\mathsf{AX}\psi \in \Delta$ ならば，$(\Gamma \Rightarrow \Delta) \succ (\Gamma' \Rightarrow \Delta')$ なるある $(\Gamma' \Rightarrow \Delta')$ で $\psi \in \Delta'$.

(EXL) $\mathsf{EX}\psi \in \Gamma$ ならば，$(\Gamma \Rightarrow \Delta) \succ (\Gamma' \Rightarrow \Delta')$ なるある $(\Gamma' \Rightarrow \Delta')$ で $\psi \in \Gamma'$.

(EXR) $\mathsf{EX}\psi \in \Delta$ ならば，$(\Gamma \Rightarrow \Delta) \succ (\Gamma' \Rightarrow \Delta')$ なる任意の $(\Gamma' \Rightarrow \Delta')$ で $\psi \in \Delta'$.

(AUL) $\alpha\mathsf{AU}\beta \in \Gamma$ ならば，$\beta \in \Gamma$ または $(\alpha \in \Gamma$ かつ $\mathsf{AX}(\alpha\mathsf{AU}\beta) \in \Gamma)$.

(AUR) $\alpha\mathsf{AU}\beta \in \Delta$ ならば，$\beta \in \Delta$ かつ $(\alpha \in \Delta$ または $\mathsf{AX}(\alpha\mathsf{AU}\beta) \in \Delta)$.

(EUL) $\alpha\mathsf{EU}\beta \in \Gamma$ ならば，$\beta \in \Gamma$ または $(\alpha \in \Gamma$ かつ $\mathsf{EX}(\alpha\mathsf{EU}\beta) \in \Gamma)$.

(EUR) $\alpha\mathsf{EU}\beta \in \Delta$ ならば，$\beta \in \Delta$ かつ $(\alpha \in \Delta$ または $\mathsf{EX}(\alpha\mathsf{EU}\beta) \in \Delta)$.

［**証明**］ (AXL) と (AXR) は 2.8 節の主補題 2.8.15 の中で示されている．(EXL) と (EXR) はそれぞれ (AXR) と (AXL) から $\mathsf{EX}\psi = \neg\mathsf{AX}\neg\psi$ などを用いて示される．(AUL) は二つのシークエント $\alpha\mathsf{AU}\beta, \Gamma \Rightarrow \Delta, \beta, \alpha$ と $\alpha\mathsf{AU}\beta, \Gamma \Rightarrow \Delta, \beta, \mathsf{AX}(\alpha\mathsf{AU}\beta)$ が AU 公理を使って証明できることからいえる．(AUR), (EUL), (EUR) も同様に AU 公理や EU 公理を使って示される． ■

さて，φ が U 論理式以外の場合は，2.8 節と同じ議論で $(\heartsuit_{\mathrm{L}}), (\heartsuit_{\mathrm{R}})$ が得られる．また，φ が U 論理式であっても $(\heartsuit_{\mathrm{R}})$ は成り立つ．たとえば $\varphi = \alpha\mathsf{AU}\beta \in \Delta_0$ の場合は，上記の性質 (AUR) と (AXR) を繰り返し適用することで，次の (I) または (II) を満たす状態遷移列 $P = (s_0 \succ s_1 \succ s_2 \succ \cdots)$ を構成することができる（以下では $s_i = (\Gamma_i \Rightarrow \Delta_i)$ とする）．

(I) P は無限列であって，すべての $i \geq 0$ について $\{\alpha\mathsf{AU}\beta, \beta, \mathsf{AX}(\alpha\mathsf{AU}\beta)\} \subseteq \Delta_i$.

(II) P は s_k までの有限列であって，$\Delta_0, \Delta_1, \ldots, \Delta_{k-1}$ はすべて $\{\alpha\mathsf{AU}\beta, \beta, \mathsf{AX}(\alpha\mathsf{AU}\beta)\}$ を含み，$\{\alpha\mathsf{AU}\beta, \beta, \alpha\} \subseteq \Delta_k$.

すると，帰納法の仮定（$\beta \in \Delta_i$ ならば $s_i \not\models \beta$，および $\alpha \in \Delta_i$ ならば $s_i \not\models \alpha$）によって，(I), (II) とも（(II) は継続性と合わせることで）$\alpha\mathsf{AU}\beta$ の最終証拠が存在しない無限パスがあることを意味している．したがって，$s_0 \not\models \alpha\mathsf{AU}\beta$ が

示された．

しかし，同様な議論を行っても ($\heartsuit_{\mathrm{L}}$) は示せない．それは以下のようにしてわかる．たとえば $\varphi = \alpha\mathsf{EU}\beta \in \Gamma_0$ の場合は，性質 (EUL) と (EXL) を繰り返し適用することで，次の (I) または (II) を満たす状態遷移列 $P = (s_0 \succ s_1 \succ s_2 \succ \cdots)$ を構成することができる．

(I) P は無限列であって，すべての $i \geq 0$ について $\{\alpha\mathsf{EU}\beta, \alpha, \mathsf{EX}(\alpha\mathsf{EU}\beta)\} \subseteq \Gamma_i$．

(II) P は s_k までの有限列であって，$\Gamma_0, \Gamma_1, \ldots, \Gamma_{k-1}$ はすべて $\{\alpha\mathsf{EU}\beta, \alpha, \mathsf{EX}(\alpha\mathsf{EU}\beta)\}$ を含み，$\{\alpha\mathsf{EU}\beta, \beta\} \subseteq \Gamma_k$．

これと帰納法の仮定（$\alpha \in \Gamma_i$ ならば $s_i \models \alpha$，および $\beta \in \Gamma_i$ ならば $s_i \models \beta$）によって，(II) は $\alpha\mathsf{EU}\beta$ の最終証拠の存在を意味している．しかし，(I) は最終証拠の存在を保証しないので，これでは $s_0 \models \alpha\mathsf{EU}\beta$ ということはできない．

この (I) のように U 論理式の最終証拠がいつまでも見つからない問題こそが，2.8 節の方法をそのまま適用した場合の困難である．それをこれから克服していく．

定義 3.6.3 ［特別拡張シークエント］　$\mathrm{Sub}^{++}(\xi)$ の $\mathcal{H}_{\mathbf{CTL}}$ 証明不可能な分割全体を S とする．次の 3 条件

- $H \subseteq S$
- $\alpha\mathcal{Q}\mathsf{U}\beta \in \mathrm{Sub}^{++}(\xi)$
- $(\Gamma \Rightarrow \Delta) \in S$

を満たす H, $\alpha\mathcal{Q}\mathsf{U}\beta$, $(\Gamma \Rightarrow \Delta)$ を組にした

$$\langle H, \alpha\mathcal{Q}\mathsf{U}\beta, (\Gamma \Rightarrow \Delta) \rangle$$

を**特別拡張シークエント**とよぶ．

先ほどのモデル M において状態 $\Gamma \Rightarrow \Delta$ の意図は「Γ の要素をすべて真に，Δ の要素をすべて偽にする」であった．他方，これから作るモデルでは特別拡張シークエントが状態になり，状態 $\langle H, \alpha\mathcal{Q}\mathsf{U}\beta, (\Gamma \Rightarrow \Delta) \rangle$ の意図は次のとおりになる．「Γ の要素をすべて真に，Δ の要素をすべて偽にする．さらに現在 $\alpha\mathcal{Q}\mathsf{U}\beta$

の最終証拠を探している最中であり，それを探し始めてからここに至るまでに通過してきた状態の集合が H である.」

以下でモデルを定義していく.

- 特別拡張シークエント $\langle H, \alpha\mathcal{Q}\mathsf{U}\beta, (\Gamma\Rightarrow\Delta)\rangle$ （ただし $H = \{(\Pi_1\Rightarrow\Sigma_1), (\Pi_2\Rightarrow\Sigma_2), \ldots, (\Pi_n\Rightarrow\Sigma_n)\}$）が $\mathcal{H}_{\mathbf{CTL}}$ 証明可能／不可能とは，以下のシークエントが $\mathcal{H}_{\mathbf{CTL}}$ で証明可能／不可能であることとする.

$$(\alpha\wedge\langle\!|\Pi_1\Rightarrow\Sigma_1|\!\rangle\wedge\langle\!|\Pi_2\Rightarrow\Sigma_2|\!\rangle\wedge\cdots\wedge\langle\!|\Pi_n\Rightarrow\Sigma_n|\!\rangle)\mathcal{Q}\mathsf{U}\beta,\ \Gamma \ \Rightarrow\ \Delta \qquad (3.9)$$

- $\mathcal{H}_{\mathbf{CTL}}$ 証明不可能な特別拡張シークエント全体を S^+ と表記する．S^+ はこれから作るモデルの状態集合である.
- $\mathrm{Sub}^{++}(\xi)$ 中のすべての U 論理式に $\alpha_1\mathcal{Q}\mathsf{U}\beta_1, \alpha_2\mathcal{Q}\mathsf{U}\beta_2, \ldots\alpha_K\mathcal{Q}\mathsf{U}\beta_K$, と番号を付けて並べておく．これは最終証拠を探す U 論理式のリストである．そして，Γ が論理式の集合で少なくとも一つの上記 U 論理式を含んでいるとき，$\mathsf{Next}(\alpha_i\mathcal{Q}\mathsf{U}\beta_i, \Gamma)$ を次で定義する.

$\mathsf{Next}(\alpha_i\mathcal{Q}\mathsf{U}\beta_i, \Gamma)$ ＝ $\alpha_{i+1}\mathcal{Q}\mathsf{U}\beta_{i+1}$，$\alpha_{i+2}\mathcal{Q}\mathsf{U}\beta_{i+2}, \ldots$ と順に探して初めて出会う Γ の要素．ただし $\alpha_K\mathcal{Q}\mathsf{U}\beta_K$ までに見つからなかったらリストの冒頭に戻って $\alpha_1\mathcal{Q}\mathsf{U}\beta_1, \alpha_2\mathcal{Q}\mathsf{U}\beta_2, \ldots$ と探す.

$\mathsf{Next}(\alpha_i\mathcal{Q}\mathsf{U}\beta_i, \Gamma)$ は，$\alpha_i\mathcal{Q}\mathsf{U}\beta_i$ の最終証拠を探し終わった場合に次のどの U 論理式の最終証拠を探し始めるか，を決めるものである．たとえば $K = 5, \Gamma = \{\alpha_1\mathcal{Q}\mathsf{U}\beta_1, \alpha_3\mathcal{Q}\mathsf{U}\beta_3\}$ ならば，$\mathsf{Next}(\alpha_1\mathcal{Q}\mathsf{U}\beta_1, \Gamma) = \alpha_3\mathcal{Q}\mathsf{U}\beta_3$, $\mathsf{Next}(\alpha_4\mathcal{Q}\mathsf{U}\beta_4, \Gamma) = \alpha_1\mathcal{Q}\mathsf{U}\beta_1$ である.

- U 論理式 $\alpha\mathcal{Q}\mathsf{U}\beta$ とシークエント $\Gamma\Rightarrow\Delta$ について，$\beta \in \Gamma$ であることを「$\Gamma\Rightarrow\Delta$ は $\alpha\mathcal{Q}\mathsf{U}\beta$ の最終証拠である」という.
- S^+ 上の二項関係 $\overset{1}{\leadsto}$ を以下で定義する.

$$\langle H, U, (\Gamma\Rightarrow\Delta)\rangle \overset{1}{\leadsto} \langle H', U', (\Gamma'\Rightarrow\Delta')\rangle$$

$\iff$ $\Gamma\Rightarrow\Delta$ は U の最終証拠でなく，$H' = H\cup\{\Gamma\Rightarrow\Delta\}$ かつ $U' = U$ かつ $(\Gamma\Rightarrow\Delta)\succ(\Gamma'\Rightarrow\Delta')$.

これは U の最終証拠を探しながら状態を遷移することを意図する．$\Gamma\Rightarrow\Delta$

を「通過済み」を意味する集合 H に追加している．

- S^+ 上の二項関係 $\overset{2}{\rightsquigarrow}$ を以下で定義する．

$$\langle H, U, (\Gamma \Rightarrow \Delta)\rangle \overset{2}{\rightsquigarrow} \langle H', U', (\Gamma' \Rightarrow \Delta')\rangle$$

$\iff$ 「$\Gamma \Rightarrow \Delta$ は U の最終証拠である」か「U は EU 論理式である」のどちらかは成り立ち，かつ $H' = \emptyset$ かつ $U' = \mathsf{Next}(U, \Gamma')$ かつ $(\Gamma \Rightarrow \Delta) \succ (\Gamma' \Rightarrow \Delta')$．

これは最終証拠探しの目標を U から $\mathsf{Next}(U, \Gamma')$ へ乗り換えながら状態を遷移することを意図する．通過済みを意味する集合は空集合になる．

以上を使って，モデル $M^+ = \langle S^+, \rightsquigarrow, f^+\rangle$ を以下で定める．

S^+ は上で定義したとおり．
$\rightsquigarrow\, = \overset{1}{\rightsquigarrow} \cup \overset{2}{\rightsquigarrow}$
$f^+(p, \langle H, U, (\Gamma \Rightarrow \Delta)\rangle) = \mathsf{true} \iff p \in \Gamma$

$\rightsquigarrow$ の定義により，$\langle H, U, (\Gamma \Rightarrow \Delta)\rangle \rightsquigarrow \langle H', U', (\Gamma' \Rightarrow \Delta')\rangle$ のときには必ず $(\Gamma \Rightarrow \Delta) \succ (\Gamma' \Rightarrow \Delta')$ となっていることに注意する．

補題 3.6.4 S^+ 上で $\overset{1}{\rightsquigarrow}$ だけからなる無限パスは存在しない．

[証明] $\langle H, \alpha \mathcal{Q}\mathsf{U}\beta, (\Gamma \Rightarrow \Delta)\rangle \overset{1}{\rightsquigarrow} \langle H \cup \{\Gamma \Rightarrow \Delta\}, \alpha \mathcal{Q}\mathsf{U}\beta, (\Gamma' \Rightarrow \Delta')\rangle$ とすると，$(\Gamma \Rightarrow \Delta) \notin H$ である．なぜなら，もしも $(\Gamma \Rightarrow \Delta) \in H$ ならば $\langle H, \alpha \mathcal{Q}\mathsf{U}\beta, (\Gamma \Rightarrow \Delta)\rangle$ の証明可能性を定義するシークエント (3.9) が $\mathcal{H}_{\mathbf{CTL}}$ で証明できてしまうからである（$\mathcal{Q}\mathsf{U}$ 公理などから得られる $\mathcal{H}_{\mathbf{CTL}} \vdash ((\alpha' \wedge \langle\!\langle \Gamma \Rightarrow \Delta \rangle\!\rangle) \mathcal{Q}\mathsf{U}\beta) \to \beta \vee \langle\!\langle \Gamma \Rightarrow \Delta \rangle\!\rangle$ と，$\Gamma \Rightarrow \Delta$ が $\alpha \mathcal{Q}\mathsf{U}\beta$ の最終証拠でないことから得られる $\beta \in \Delta$ などを使う）．すなわち，$\overset{1}{\rightsquigarrow}$ では必ず H の部分が真に増えていく．一方，H の要素となり得るものは有限個である．したがって，$\overset{1}{\rightsquigarrow}$ だけを無限回続けることは不可能である． ■

上の補題が，最終証拠がいつまでも見つからない問題を回避する肝になる．

補題 3.6.5 $\langle H, U, (\Gamma \Rightarrow \Delta)\rangle \in S^+$ かつ $\mathsf{AX}\psi \in \Delta$ とする．もし「$\Gamma \Rightarrow \Delta$ は U の最終証拠である」と「U は EU 論理式である」のどちらかが成り立つならば，ある $\Gamma' \Rightarrow \Delta'$ が存在して $\langle H, U, (\Gamma \Rightarrow \Delta)\rangle \overset{2}{\rightsquigarrow} \langle \emptyset, \mathsf{Next}(U, \Gamma'), (\Gamma' \Rightarrow \Delta')\rangle \in S^+$ かつ $\psi \in \Delta'$ となる．

［証明］　補題 3.6.2 の (AXR)（すなわち 2.8 節の主補題 2.8.15 の中の議論）と同じ方法で得られる．なお，$\mathrm{Sub}^{++}(\xi)$ の $\mathcal{H}_{\mathbf{CTL}}$ 証明不可能な分割の左辺には少なくとも一つの U 論理式 $\top\mathsf{AU}\top$ が入るので（なぜなら $\mathcal{H}_{\mathbf{CTL}} \vdash \top\mathsf{AU}\top$ だから），$\mathsf{Next}(U, \Gamma')$ は必ず存在する．■

補題 3.6.6　$\langle H, \alpha\mathcal{Q}\mathsf{U}\beta, (\Gamma\Rightarrow\Delta)\rangle \in S^+$ かつ $\Gamma\Rightarrow\Delta$ は，$\alpha\mathcal{Q}\mathsf{U}\beta$ の最終証拠でないとする．

(1) $\mathcal{Q} = \mathsf{A}$ ならば，Δ 中の任意の $\mathsf{AX}\psi$ に対してある $\Gamma'\Rightarrow\Delta'$ が存在して $\langle H, \alpha\mathsf{AU}\beta, (\Gamma\Rightarrow\Delta)\rangle \overset{1}{\rightsquigarrow} \langle H\cup\{\Gamma\Rightarrow\Delta\}, \alpha\mathsf{AU}\beta, (\Gamma'\Rightarrow\Delta')\rangle \in S^+$ かつ $\psi \in \Delta'$ となる．

(2) $\mathcal{Q} = \mathsf{E}$ かつ $\alpha\mathsf{EU}\beta \in \Gamma$ ならば，ある $\Gamma'\Rightarrow\Delta'$ が存在して $\langle H, \alpha\mathsf{EU}\beta, (\Gamma\Rightarrow\Delta)\rangle \overset{1}{\rightsquigarrow} \langle H\cup\{\Gamma\Rightarrow\Delta\}, \alpha\mathsf{EU}\beta, (\Gamma'\Rightarrow\Delta')\rangle \in S^+$ かつ $\alpha\mathsf{EU}\beta \in \Gamma'$ となる．

［証明］　(1) $\alpha' = \alpha \wedge \bigwedge\{\langle\!|\Pi\Rightarrow\Sigma|\!\rangle \mid (\Pi\Rightarrow\Sigma) \in H\}$ とし，Γ 中の $\mathsf{AX}\gamma$ という形の論理式全体を $\mathsf{AX}\gamma_1, \mathsf{AX}\gamma_2, \ldots, \mathsf{AX}\gamma_n$ とする．シークエント

$$(\alpha'\wedge\langle\!|\Gamma\Rightarrow\Delta|\!\rangle)\mathsf{AU}\beta, \gamma_1, \gamma_2, \ldots, \gamma_n \Rightarrow \psi \tag{3.10}$$

が $\mathcal{H}_{\mathbf{CTL}}$ 証明不可能であることが示されれば，後は補題 2.8.14 と同じ議論によって，証明不可能性を保ったまま $\mathrm{Sub}^{++}(\xi)$ のすべての要素を適切に追加して

$$(\alpha'\wedge\langle\!|\Gamma\Rightarrow\Delta|\!\rangle)\mathsf{AU}\beta, \Gamma' \Rightarrow \Delta'$$

を作り，求める $\Gamma' \Rightarrow \Delta'$ が得られる．シークエント (3.10) が $\mathcal{H}_{\mathbf{CTL}}$ 証明不可能であることは，もしも証明できたら以下の (I)〜(VII) のようにシークエントを順に証明することで $\langle H, \alpha\mathsf{AU}\beta, (\Gamma\Rightarrow\Delta)\rangle$ が証明できてしまう，ということから示される．なお，以下では $\delta = \langle\!|\Gamma\Rightarrow\Delta|\!\rangle$ とする．

(I)	$\mathsf{AX}((\alpha'\wedge\delta)\mathsf{AU}\beta), \Gamma \Rightarrow \Delta$	((3.10) と補題 2.8.11 の $\mathcal{H}_{\mathbf{CTL}}$ 版による)
(II)	$\beta \vee \mathsf{AX}((\alpha'\wedge\delta)\mathsf{AU}\beta) \Rightarrow \delta$	((I) と後述の注意による)
(III)	$\beta \vee (\alpha' \wedge \delta \wedge \mathsf{AX}((\alpha'\wedge\delta)\mathsf{AU}\beta)) \Rightarrow (\alpha'\wedge\delta)\mathsf{AU}\beta$	(AU 公理から得られる)
(IV)	$\beta \vee (\alpha' \wedge \mathsf{AX}((\alpha'\wedge\delta)\mathsf{AU}\beta)) \Rightarrow (\alpha'\wedge\delta)\mathsf{AU}\beta$	((II),(III) より)
(V)	$\alpha'\mathsf{AU}\beta \Rightarrow (\alpha'\wedge\delta)\mathsf{AU}\beta$	((IV) と AU 帰納法規則による)
(VI)	$(\alpha'\wedge\delta)\mathsf{AU}\beta \Rightarrow \delta \vee \beta$	(AU 公理から得られる)
(VII)	$\alpha'\mathsf{AU}\beta, \Gamma \Rightarrow \Delta$	((V),(VI) と後述の注意による)

（注意：$\Gamma\Rightarrow\Delta$ が αAUβ の最終証拠でないので $\beta\in\Delta$ であり，$\beta\to\delta$ はトートロジーの形である．また $(\cdots,\Gamma\Rightarrow\Delta)$ と $(\cdots\Rightarrow\delta)$ は同値である．）

(2) 先ほどのシークエント (3.10) の代わりに

$$(\alpha'\wedge\langle\!|\Gamma\Rightarrow\Delta|\!\rangle)\mathsf{EU}\beta,\gamma_1,\gamma_2,\ldots,\gamma_n,\alpha\mathsf{EU}\beta\Rightarrow \tag{3.11}$$

を用いて (1) と同様に示せばよい．シークエント (3.11) から $\langle H,\alpha\mathsf{EU}\beta,(\Gamma\Rightarrow\Delta)\rangle$ への導出は演習問題 3.6.7 とする．■

演習問題 3.6.7　$\mathcal{H}_{\mathbf{CTL}}$ の中でのシークエント (3.11) から $\alpha'\mathsf{EU}\beta,\Gamma\Rightarrow\Delta$ が導けることを示せ．

補題 3.6.8　補題 3.6.2 で示した八つの性質 (AXL), …, (EUR) の $\Gamma\Rightarrow\Delta$ と $\Gamma'\Rightarrow\Delta'$ を S^+ の要素 $\langle H,U,(\Gamma\Rightarrow\Delta)\rangle$ と $\langle H',U',(\Gamma'\Rightarrow\Delta')\rangle$ に読み替え，「$\succ$」を「$\rightsquigarrow$」に読み替えた性質が成り立つ．

［証明］　(AXR) は補題 3.6.5 と補題 3.6.6(1) によって示される．他は補題 3.6.2 の証明と同様．■

以上の準備のもとで，先述の $(\heartsuit_{\mathrm{L}}),(\heartsuit_{\mathrm{R}})$ に相当する次を φ の構成に関する帰納法で示す．

$(\clubsuit_{\mathrm{L}})$　$\varphi\in\Gamma_0$ ならば $M^+,\langle H_0,U_0,(\Gamma_0\Rightarrow\Delta_0)\rangle\models\varphi$.
$(\clubsuit_{\mathrm{R}})$　$\varphi\in\Delta_0$ ならば $M^+,\langle H_0,U_0,(\Gamma_0\Rightarrow\Delta_0)\rangle\not\models\varphi$.

$(\heartsuit_{\mathrm{L}})$ や $(\heartsuit_{\mathrm{R}})$ で問題がなかった部分は同じ議論で示せるので，示すべきは最終証拠がいつまでも見つからない問題が起こった $(\clubsuit_{\mathrm{L}})$ の $\varphi=\alpha\mathsf{EU}\beta,\alpha\mathsf{AU}\beta$ の場合である．ここでは $\alpha\mathsf{EU}\beta$ について示す（$\alpha\mathsf{AU}\beta$ については演習問題 3.6.9 参照）．以下では $i=0,1,2,\ldots$ に対して $s_i=\langle H_i,U_i,(\Gamma_i\Rightarrow\Delta_i)\rangle$ とする．

$\alpha\mathsf{EU}\beta\in\Gamma_0$ とする．補題 3.6.8 の性質 (EUL) と (EXL) を繰り返し適用することで，次の (I) または (II) を満たす状態遷移列 $P=(s_0\rightsquigarrow s_1\rightsquigarrow s_2\rightsquigarrow\cdots)$ を構成できる．

(I)　P は無限列であって，すべての $i\geq 0$ について $\{\alpha\mathsf{EU}\beta,\alpha,\mathsf{EX}(\alpha\mathsf{EU}\beta)\}\subseteq\Gamma_i$.

(II)　P は s_k までの有限列であって，$\Gamma_0,\Gamma_1,\ldots,\Gamma_{k-1}$ はすべて $\{\alpha\mathsf{EU}\beta,\alpha,\mathsf{EX}(\alpha\mathsf{EU}\beta)\}$ を含み，$\{\alpha\mathsf{EU}\beta,\beta\}\subseteq\Gamma_k$.

(II) の場合は，帰納法の仮定によって s_k またはそれより前に最終証拠があることがいえる．

(I) の場合は，補題 3.6.4 からこの無限パスには $\overset{2}{\rightsquigarrow}$ が無限回含まれる．$\overset{2}{\rightsquigarrow}$ では $U_{i+1} = \mathsf{Next}(U_i, \Gamma_{i+1})$ という操作が起こるので，いつかは必ず $U_m = \alpha\mathsf{EU}\beta$ になる状態 s_m に到達する．そこで，もしそれ以前に最終証拠が現れていなかったら，s_m 以降は列 P から離れて補題 3.6.6(2) だけを繰り返し適用して状態遷移列を構成していく．すると，補題 3.6.4 から $\overset{1}{\rightsquigarrow}$ を無限回続けることができないので，これは補題 3.6.6 の前提条件がいつかは満たされなくなること，すなわち $\alpha\mathsf{EU}\beta$ の最終証拠に到達することを意味する．

□ **演習問題 3.6.9**　($\clubsuit_{\mathrm{L}}$) の $\varphi = \alpha\mathsf{AU}\beta$ の場合を証明せよ．

以上で ($\clubsuit_{\mathrm{L}}$) と ($\clubsuit_{\mathrm{R}}$) が示された．以下で最後の仕上げを行う．

まず，M^+ が継続性をもつことは，任意の $\langle H, U, (\Gamma \Rightarrow \Delta)\rangle \in S^+$ が $\mathsf{AX}\bot \in \Delta$ であること（なぜならもし $\mathsf{AX}\bot \in \Gamma$ ならば継続性公理などによって $\mathcal{H}_{\mathbf{CTL}} \vdash \langle H, U, (\Gamma \Rightarrow \Delta)\rangle$ になってしまうから）と補題 3.6.8 からいえる．

次に，M^+ の状態数を考える．$\mathrm{Sub}^+(\xi)$ と $\mathrm{Sub}^{++}(\xi)$ の差分は $\top\mathsf{AU}\top$, $\mathsf{AX}\bot$, $\mathsf{AX}(\top\mathsf{AU}\top)$, $\top$, $\bot$ の五つ（またはこの一部分）であるが，$\mathcal{H}_{\mathbf{CTL}} \not\vdash \Gamma \Rightarrow \Delta$ という条件の下ではこの五つがそれぞれ Γ と Δ のどちらに属するかは一意に定まる．したがって，「$\mathcal{H}_{\mathbf{CTL}}$ 証明不可能な $\mathrm{Sub}^+(\xi)$ の分割の個数」と「$\mathcal{H}_{\mathbf{CTL}}$ 証明不可能な $\mathrm{Sub}^{++}(\xi)$ の分割の個数」は同じであり，定義 3.6.3 の条件を満たす $\langle H, \alpha\mathcal{Q}\mathsf{U}\beta, (\Gamma \Rightarrow \Delta)\rangle$ の個数は，$\mathrm{Sub}^{++}(\xi)$ 中の U 論理式の個数を K としたとき $2^{2^{|\mathrm{Sub}^+(\xi)|}} \cdot K \cdot 2^{|\mathrm{Sub}^+(\xi)|}$ 以下である．したがって，M^+ の状態数は $2^{2^{\mathrm{Lh}(\xi)}}(\mathrm{N}_{\mathsf{U}}(\xi)+1)2^{\mathrm{Lh}(\xi)}$ 以下である．

最後に，$\xi \in \Delta$ となる $\langle \emptyset, \top\mathsf{AU}\top, (\Gamma \Rightarrow \Delta)\rangle \in S^+$ が存在することも $\mathbf{K}$ のときと同様にいえる．よって，この M^+ が本節の冒頭で挙げた目標の $\mathbf{CTL}$ モデルになっている．

なお，$\mathbf{K}$ のときの注意 2.8.1, 2.8.19 は $\mathbf{CTL}$ でも同様である．つまり，演習問題 2.8.18 と同様な議論が $\mathbf{CTL}$ についても成り立ち，$\neg, \wedge$ などの出現数は数えなくてもよいことになるので，たとえば $p\mathsf{EW}q$ は $\neg(\neg q\mathsf{AU}(\neg p \wedge \neg q))$ の省略形であるが，有限モデル性を論じる際には $\mathrm{Lh}(p\mathsf{EW}q) = 4$ としてよい．

第4章 様相ミュー計算

論理式 φ, ξ と命題変数 x に対して $\xi \leftrightarrow \varphi\{x{:=}\xi\}$ が恒真である場合に，ξ のことを「φ の x に関する**不動点**」とよぶことにする．たとえば，2.7 節の $\mathbf{K}^*$ において $\Box^*\varphi \leftrightarrow \varphi\wedge\Box\Box^*\varphi$ が恒真なので $\Box^*\varphi$ は $\varphi\wedge\Box x$ の x に関する不動点であり，**CTL** において $(\alpha\mathsf{AU}\beta) \leftrightarrow (\beta\vee(\alpha\wedge\mathsf{AX}(\alpha\mathsf{AU}\beta)))$ が恒真なので $\alpha\mathsf{AU}\beta$ は $\beta\vee(\alpha\wedge\mathsf{AX}x)$ の x に関する不動点である．いま φ の x に関する不動点を $\eta x.\varphi$ と書くことにすると（η は φ と x から不動点を作り出す機能をもつので，これを**不動点演算子**とよぶ），$\Box^*\varphi = \eta x.(\varphi\wedge\Box x)$, $\alpha\mathsf{AU}\beta = \eta x.(\beta\vee(\alpha\wedge\mathsf{AX}x))$ となる．すなわち，不動点演算子があれば，基本的な様相記号 $\Box$ だけを使って複雑な意味の様相記号 $\Box^*$ や AU が定義できる（AX は $\Box$ と同じ意味であった）．

様相ミュー計算 (modal μ-calculus)[¶1] は **K** に不動点演算子が追加された様相論理である．記号としては不動点演算子が追加されただけであるが，上述の $\Box^*$, AU 以外にも無数の複雑な様相記号を不動点演算子を使って定義できるので，これは非常に記述能力が高い様相論理である．

本章では様相ミュー計算の基本事項を説明する．まず 4.1 節から 4.4 節で，状態集合上の不動点という概念を用いて論理式を解釈する方法を定義する．他の様相論理に比べると論理式およびその解釈を定義すること自体が複雑なので，それを丁寧に説明する．4.5 節では，真偽の計算可能性と証明体系の健全性を示す．なお，完全性，有限モデル性，恒真性の計算可能性も成り立つが，その証明が他の様相論理と比べて格段に難しいので，それらは紹介するだけとする．

4.6 節以降では，前章までには登場しなかった話題である**ゲーム意味論**を取り扱う．これは論理式の真偽を特別なゲームの必勝戦略の有無によって決める方法であり，他の論理でも用いられるが，とくに様相ミュー計算で威力を発揮する．なぜなら，ゲーム意味論を使うと，不動点を使うよりもずっと簡単に論理

¶1 前章までの流れからは「様相ミュー論理」のほうが適切に思えるが，通常はこうよばれる．様相ミュー計算について本章に書かれていない詳細は文献 [16, 20, 28] を参照してほしい．

式の意味を考えられるようになるからである．まず4.6節で論理式について説明し，次に4.7節でゲーム意味論を定義する．4.8節では，ゲーム意味論の使い方を例を挙げて丁寧に説明する．最後に4.9節で，ゲーム意味論による論理式の真偽は不動点概念を用いた解釈と一致する，という重要な基本的事実を証明する．

4.1　不動点

一般に，集合 X 上の関数 f に対して $a = f(a)$ となる $a \in X$ のことを f の**不動点**とよぶ．先述の「φ の x に関する不動点」の定義の $\xi \leftrightarrow \varphi\{x{:=}\xi\}$ も，「$\leftrightarrow$」を「$=$」，$\varphi\{x{:=}\xi\}$ を $f(\xi)$ とみなせば，この形になっている．

この辺りの議論を正確に行うためには，論理式を（モデルを固定して）「その論理式が真になる状態の集合」と同一視して，$\varphi\{x{:=}\bullet\}$ を状態の冪集合上の関数とみなす必要がある．この議論は4.3節で与えられるが，本節ではその準備として，冪集合上の関数の不動点の存在に関する基本定理（Knaster–Tarskiの定理）を示す．

定義 4.1.1　S を非空な集合とし，F を $\mathfrak{P}(S)$（S の冪集合）上の関数，つまり $F : \mathfrak{P}(S) \to \mathfrak{P}(S)$ とする．

(1) 「$X \subseteq Y$ ならば $F(X) \subseteq F(Y)$」が任意の $X, Y \in \mathfrak{P}(S)$ について成り立つとき，F は**単調**であるという．

(2) F に対して $\mathfrak{P}(S)$ の部分集合 $\mathrm{Pre}(F)$ と $\mathrm{Pos}(F)$ を次で定義する．

$$\mathrm{Pre}(F) = \{A \in \mathfrak{P}(S) \mid F(A) \subseteq A\},$$
$$\mathrm{Pos}(F) = \{A \in \mathfrak{P}(S) \mid F(A) \supseteq A\}$$

$\mathrm{Pre}(F)$ の各要素を F の**前不動点** (pre-fixed point)，$\mathrm{Pos}(F)$ の各要素を F の**後不動点** (post-fixed point) とよぶ．

(3) 前不動点かつ後不動点，すなわち $F(A) = A$ となる A を，F の**不動点** (fixed point) とよぶ．不動点の中で $\subseteq$ に関して最小や最大のものがあれば，それらを F の**最小不動点** (least fixed point)，**最大不動点** (greatest fixed point) とよび，それぞれ $\mathrm{LFP}(F)$, $\mathrm{GFP}(F)$

と表記する．

注意 4.1.2　S は前不動点，$\emptyset$ は後不動点なので，$\mathrm{Pre}(F)$ も $\mathrm{Pos}(F)$ も空ではない．

定理 4.1.3［**Knaster–Tarski の定理**］　S が非空な集合，F が $\mathfrak{P}(S)$ 上の単調関数ならば，F には最小不動点 $\mathrm{LFP}(F)$ と最大不動点 $\mathrm{GFP}(F)$ が存在し，それぞれ次で与えられる．

$$\mathrm{LFP}(F) = \bigcap \mathrm{Pre}(F), \qquad \mathrm{GFP}(F) = \bigcup \mathrm{Pos}(F)$$

［**証明**］　$\mathrm{LFP}(F) = \bigcap \mathrm{Pre}(F)$ だけ証明する（$\mathrm{GFP}(F) = \bigcup \mathrm{Pos}(F)$ も同様に証明できる）．$P = \bigcap \mathrm{Pre}(F)$ とする．まず P 自身も前不動点になっていることを示す．

A を F の任意の前不動点とする．$P = \bigcap \mathrm{Pre}(F) \subseteq A$ なので F の単調性から $F(P) \subseteq F(A)$ である．したがって，A が前不動点であることと合わせて，$F(P) \subseteq A$ が得られる．これが $\mathrm{Pre}(F)$ のすべての要素 A について成り立つので，$F(P) \subseteq \bigcap \mathrm{Pre}(F) = P$ である．

P はすべての前不動点の共通集合なので，P は最小の前不動点ということになる．次に P が後不動点でもあることを示す．

P が前不動点であることと F の単調性から $F(F(P)) \subseteq F(P)$ となる．すなわち $F(P)$ は前不動点である．ところで P は最小の前不動点だったので，$P \subseteq F(P)$ である．

以上のことから P が不動点であることが示された．最小の不動点であることは，どんな不動点も前不動点であることと，P が最小の前不動点であることからいえる．　■

注意 4.1.4　F の n 回連続適用を F^n と書くことにする．S が有限集合ならば，$\mathfrak{P}(S)$ 上の単調関数 F の最小不動点と最大不動点は，それぞれ適当な k, ℓ に対する $F^k(\emptyset)$ と $F^\ell(S)$ に等しい（このことは簡単に証明できる）．さらに，S が無限集合でも n を順序数まで適切に拡張すれば同様なことがいえる．

4.2 論理式

様相ミュー計算は $\mathbf{K}$ に**不動点演算子**が追加された論理である．不動点演算子は μ と ν の二つ（μ は最小不動点を作り出す演算子，ν は最大不動点を作り出す演算子）である．

注意 4.2.1 前章まではギリシャ文字の小文字は論理式一般を表すために使っていたが，本章では μ と ν は論理式でなく，不動点演算子である．そして，μ と ν のどちらかを指す文字として η を使用する．つまり，たとえば $\eta x.\varphi$ と書いたら，これは $\mu x.\varphi$ と $\nu x.\varphi$ のどちらか，または両方を表し，一つの議論の中でたとえば $\eta x.\varphi = \mu x.\varphi$ と決めたら，その議論の中ではずっとそれが保持される．

一階述語論理では，$\forall x$ や $\exists x$ で指し示された x は束縛変数とよばれ，束縛変数でない変数は自由変数とよばれる．同様に様相ミュー計算においては，μx や νx で指し示された x を**束縛変数** (bound variable)（または束縛命題変数），そうでない x を**自由変数** (free variable)（または自由命題変数）とよぶことにする．

本章の冒頭で述べたように，$\eta x.\varphi$ は φ の x に関する不動点，つまり $\eta x.\varphi \leftrightarrow \varphi\{x{:=}\eta x.\varphi\}$ が恒真になることを意図している．しかし，すべての φ に不動点があるわけではない．たとえば $\varphi = \neg x$ とすると，もしもこの φ に x に関する不動点 ξ があったら $\xi \leftrightarrow \neg\xi$ が恒真になるが，それは不可能である（どんな論理式 ξ でも $\xi \leftrightarrow \neg\xi$ は偽である）．そこで，φ 中の x が一定の条件を満たしているときだけ $\eta x.\varphi$ を作ってもよいことにする．その条件は大雑把にいうと，**$\boldsymbol{\varphi}$ 中で $\boldsymbol{x}$ が奇数個の $\neg$ の内側の位置にはない**，ということである．

正確には以下の定義 4.2.2 のように

- 論理式
- 論理式 φ 中で偶数個の $\neg$ の内側にある自由変数の集合：$\mathrm{PFV}(\varphi)$
- 論理式 φ 中で奇数個の $\neg$ の内側にある自由変数の集合：$\mathrm{NFV}(\varphi)$

の三つを同時に再帰的に定義する（PFV, NFV はそれぞれ Positive Free Variable, Negative Free Variable の頭文字）．ただし $\neg$ の個数とは，$\alpha \to \beta$ を $\neg\alpha \vee \beta$ とみなし，$\alpha \leftrightarrow \beta$ を $(\alpha \wedge \beta) \vee (\neg\alpha \wedge \neg\beta)$ とみなして数えたものである．

定義 4.2.2［論理式，$\mathbf{PFV}(\cdot)$, $\mathbf{NFV}(\cdot)$, $\mathbf{FV}(\cdot)$］

(1) 命題変数は論理式であり，$\mathrm{PFV}(x) = \{x\}$, $\mathrm{NFV}(x) = \emptyset$ である．

(2) $\top$ と $\bot$ は論理式であり，$\mathrm{PFV}(\top) = \mathrm{NFV}(\top) = \mathrm{PFV}(\bot) = \mathrm{NFV}(\bot) = \emptyset$ である．

(3) φ が論理式ならば $(\neg\varphi)$ は論理式であり，$\mathrm{PFV}(\neg\varphi) = \mathrm{NFV}(\varphi)$, $\mathrm{NFV}(\neg\varphi) = \mathrm{PFV}(\varphi)$ である．

(4) φ と ψ が論理式ならば $(\varphi\wedge\psi)$ と $(\varphi\vee\psi)$ は論理式であり，$\mathrm{PFV}(\varphi\bullet\psi) = \mathrm{PFV}(\varphi)\cup\mathrm{PFV}(\psi)$，$\mathrm{NFV}(\varphi\bullet\psi) = \mathrm{NFV}(\varphi)\cup\mathrm{NFV}(\psi)$ である（ただし $\bullet$ は $\wedge$ または $\vee$）．

(5) φ と ψ が論理式ならば $(\varphi\to\psi)$ は論理式であり，$\mathrm{PFV}(\varphi\to\psi) = \mathrm{NFV}(\varphi)\cup\mathrm{PFV}(\psi)$，$\mathrm{NFV}(\varphi\to\psi) = \mathrm{PFV}(\varphi)\cup\mathrm{NFV}(\psi)$ である．

(6) φ と ψ が論理式ならば $(\varphi\leftrightarrow\psi)$ は論理式であり，$\mathrm{PFV}(\varphi\leftrightarrow\psi) = \mathrm{NFV}(\varphi\leftrightarrow\psi) = \mathrm{PFV}(\varphi)\cup\mathrm{NFV}(\varphi)\cup\mathrm{PFV}(\psi)\cup\mathrm{NFV}(\psi)$ である．

(7) φ が論理式ならば $(\Box\varphi)$ と $(\Diamond\varphi)$ は論理式であり，$\mathrm{PFV}(\bullet\varphi) = \mathrm{PFV}(\varphi)$，$\mathrm{NFV}(\bullet\varphi) = \mathrm{NFV}(\varphi)$ である（ただし $\bullet$ は $\Box$ または $\Diamond$）．

(8) φ が論理式で x が命題変数で $x \notin \mathrm{NFV}(\varphi)$ ならば $(\mu x.\varphi)$ と $(\nu x.\varphi)$ は論理式であり，$\mathrm{PFV}(\eta x.\varphi) = \mathrm{PFV}(\varphi)\setminus\{x\}$，$\mathrm{NFV}(\eta x.\varphi) = \mathrm{NFV}(\varphi)$ である．

以上で定義される論理式を**様相ミュー論理式**とよぶ．また，$\mathrm{FV}(\varphi) = \mathrm{PFV}(\varphi)\cup\mathrm{NFV}(\varphi)$ とする（すなわち $\mathrm{FV}(\varphi)$ は φ 中の自由変数全体の集合である）．

注意 4.2.3　$\Box_1, \Box_2, \ldots$ という複数の様相記号を扱う場合もあるが，本書では説明を簡潔にするために様相記号は $\Box$（および $\Diamond$）だけとする．

以降，本章では様相ミュー論理式のことを単に論理式とよぶ．論理式を表記する際には，$\eta x.$ は $\Box, \Diamond, \neg$ と同様に結合が最も強い記号として括弧を省略する．ローマ字小文字で命題変数を表す．（原則として）一つの文脈では異なるローマ字小文字は異なる変数を表す．η, μ, ν 以外のギリシャ小文字で論理式を表す．$\eta x.\varphi$ と書いたときには条件 $x \notin \mathrm{NFV}(\varphi)$ が満たされているとする．

例 4.2.4　$\varphi = \mu x.\Diamond x \wedge p \wedge \mu y.\mu z.(\Box y \vee y \vee z)$ とすると，φ に括弧を補うと $(\mu x.\Diamond x) \wedge p \wedge \mu y.\mu z.((\Box y) \vee y \vee z)$ であり，p は自由変数，x, y, z は束縛変数で，$\mathrm{PFV}(\varphi) = \{p\}$，$\mathrm{NFV}(\varphi) = \emptyset$ である． ◢

例 4.2.5　$\psi = x \wedge \mu x.(\neg y \wedge \nu x.(\Diamond x \vee y))$ とすると，$\mathrm{PFV}(\psi) = \{x, y\}$，$\mathrm{NFV}(\psi) = \{y\}$ である．ここでは先頭の x は自由変数で，μx には束縛する x がなく，νx が $\Diamond x$ の x を束縛している．つまり，同じ記号 x が出現場所によって異なる使われ方をしている．これでも論理式の定義を満たしてはいるが，誤読のないようにするには $\psi' = x \wedge \mu a.(\neg y \wedge \nu b.(\Diamond b \vee y))$ という論理式を用いるほうがよい． ◢

例 4.2.6　$\mu x.(\Box x \to p)$ は論理式ではない．なぜなら $x \in \mathrm{NFV}(\Box x \to p)$ だからである． ◢

4.3　論理式の解釈

前章までの様相論理では，モデルと論理式との充足関係は「各状態で各論理式が真か偽か」という形式で記述されていた．しかし，様相ミュー計算では「各論理式について，それが真になる状態全体の集合は何か」という形式で記述するほうが議論を進めやすい．そのような形式で **K** モデルを再定義したものが，以下の様相ミューモデルである．

定義 4.3.1 ［様相ミューモデル］　状態遷移系 $\langle S, \rightsquigarrow \rangle$ と関数 $V : \mathbf{PropVar} \to \mathfrak{P}(S)$ （つまり V は命題変数をもらって状態の集合を返す関数）の組 $\langle S, \rightsquigarrow, V \rangle$ を**様相ミューモデル**とよぶ．$X \in \mathfrak{P}(S)$ に対して，V の命題変数 x に対する値だけを X に変更した関数を $V\{x{:=}X\}$ と表記する．様相ミューモデル $M = \langle S, \rightsquigarrow, V \rangle$ に対して $\langle S, \rightsquigarrow, V\{x{:=}X\} \rangle$ のことを $M\{x{:=}X\}$ と表記する．

状態遷移系 $\langle S, \rightsquigarrow \rangle$ に対して $\mathfrak{P}(S)$ 上の関数 $\Box_{\rightsquigarrow}$ と $\Diamond_{\rightsquigarrow}$ を次で定義する．

$$\Box_{\rightsquigarrow}(X) = \{s \in S \mid s \rightsquigarrow t \text{ となる任意の } t \text{ に対して } t \in X\},$$
$$\Diamond_{\rightsquigarrow}(X) = \{s \in S \mid s \rightsquigarrow t \in X \text{ となる } t \text{ が存在する}\}$$

これらは以下で見るように，$\Box$ と $\Diamond$ を解釈するために必要な関数である．

様相ミューモデル M において論理式 φ が真になる状態全体のことを φ の**解釈**とよび，$[\![\varphi]\!]^M$ と表記する．これは φ の構成に従って次のように定義される．

定義 4.3.2［論理式の解釈］ $M = \langle S, \rightsquigarrow, V\rangle$ とする．

(1) $[\![x]\!]^M = V(x)$.
(2) $[\![\top]\!]^M = S$.
(3) $[\![\bot]\!]^M = \emptyset$.
(4) $[\![\neg\varphi]\!]^M = S \setminus [\![\varphi]\!]^M$.
(5) $[\![\varphi \wedge \psi]\!]^M = [\![\varphi]\!]^M \cap [\![\psi]\!]^M$.
(6) $[\![\varphi \vee \psi]\!]^M = [\![\varphi]\!]^M \cup [\![\psi]\!]^M$.
(7) $[\![\varphi \to \psi]\!]^M = (S \setminus [\![\varphi]\!]^M) \cup [\![\psi]\!]^M$.
(8) $[\![\varphi \leftrightarrow \psi]\!]^M = ([\![\varphi]\!]^M \cap [\![\psi]\!]^M) \cup ((S \setminus [\![\varphi]\!]^M) \cap (S \setminus [\![\psi]\!]^M))$.
(9) $[\![\Box\varphi]\!]^M = \Box_{\rightsquigarrow}([\![\varphi]\!]^M)$.
(10) $[\![\Diamond\varphi]\!]^M = \Diamond_{\rightsquigarrow}([\![\varphi]\!]^M)$.
(11) $[\![\mu x.\varphi]\!]^M = \bigcap\{X \mid [\![\varphi]\!]^{M\{x:=X\}} \subseteq X\}$
$= \bigcap \mathrm{Pre}(\lambda X.([\![\varphi]\!]^{M\{x:=X\}}))$.
(12) $[\![\nu x.\varphi]\!]^M = \bigcup\{X \mid [\![\varphi]\!]^{M\{x:=X\}} \supseteq X\}$
$= \bigcup \mathrm{Pos}(\lambda X.([\![\varphi]\!]^{M\{x:=X\}}))$.

ただし，(11) と (12) の X は S の部分集合であり，$\lambda X.([\![\varphi]\!]^{M\{x:=X\}})$ は $F(X) = [\![\varphi]\!]^{M\{x:=X\}}$ という関数 $F : \mathfrak{P}(S) \to \mathfrak{P}(S)$ のことである（$\lambda X.$ のような書き方をラムダ記法という）．

注意 4.3.3 今後は $s \in [\![\varphi]\!]^M$ のことを $M, s \models \varphi$ とも表記する．その表記で上の (1)〜(10) を読み直せば，**K** の充足関係の定義 2.2.7 の (1)〜(10) と同じになる（ただし $s \in V(p) \Leftrightarrow f(p, s) = \mathsf{true}$ とする）．

補題 4.3.4 φ は任意の論理式，x は任意の命題変数，$M = \langle S, \rightsquigarrow, V\rangle$ は任意の様相ミューモデルとする．$A \subseteq B \subseteq S$ ならば次が成り立つ．

(1) $x \notin \mathrm{NFV}(\varphi)$ ならば $[\![\varphi]\!]^{M\{x:=A\}} \subseteq [\![\varphi]\!]^{M\{x:=B\}}$ である．
(2) $x \notin \mathrm{PFV}(\varphi)$ ならば $[\![\varphi]\!]^{M\{x:=A\}} \supseteq [\![\varphi]\!]^{M\{x:=B\}}$ である．

［証明］　φ の構成に関する帰納法による．以下では $\varphi = \nu y.\psi$（ただし $x \neq y$）の場合の (1) だけを示す（他の場合は演習問題 4.3.5）．まず $x \notin \mathrm{NFV}(\nu y.\psi)$ を仮定する（すると $x \notin \mathrm{NFV}(\psi)$ である）．そして，$[\![\nu y.\psi]\!]^{M\{x:=A\}} \subseteq [\![\nu y.\psi]\!]^{M\{x:=B\}}$ を示すことが目標であるが，これは ν の解釈の定義によれば次と同じである．

$$\bigcup\{Y \mid [\![\psi]\!]^{M\{x:=A\}\{y:=Y\}} \supseteq Y\} \subseteq \bigcup\{Y \mid [\![\psi]\!]^{M\{x:=B\}\{y:=Y\}} \supseteq Y\}$$

これを示すためには，任意の Y に関して

$$[\![\psi]\!]^{M\{x:=A\}\{y:=Y\}} \supseteq Y \text{ ならば } [\![\psi]\!]^{M\{x:=B\}\{y:=Y\}} \supseteq Y$$

を示せば十分であり，これは帰納法の仮定から得られる次によって簡単に導かれる．

$$[\![\psi]\!]^{M\{y:=Y\}\{x:=A\}} \subseteq [\![\psi]\!]^{M\{y:=Y\}\{x:=B\}}$$

■

□ **演習問題 4.3.5**　上の補題 4.3.4 の証明を完成させよ．

以上の準備で，不動点演算子がその名のとおり不動点を作り出すことが示される．これが様相ミュー計算の出発点である．

> **定理 4.3.6**　$[\![\mu x.\varphi]\!]^M = \mathrm{LFP}(\lambda X.([\![\varphi]\!]^{M\{x:=X\}}))$ および $[\![\nu x.\varphi]\!]^M = \mathrm{GFP}(\lambda X.([\![\varphi]\!]^{M\{x:=X\}}))$ である．つまり，μ, ν はそれぞれ関数 $\lambda X.([\![\varphi]\!]^{M\{x:=X\}})$ の最小不動点と最大不動点を作り出す機能をもつ．

［証明］　論理式 $\eta x.\varphi$ の構成の条件から $x \notin \mathrm{NFV}(\varphi)$ なので，補題 4.3.4(1) によって関数 $\lambda X.([\![\varphi]\!]^{M\{x:=X\}})$ は単調である．したがって，定理 4.1.3 により題意が示される．■

不動点の具体例を見てみよう．本章の冒頭で $\eta x.(\varphi \wedge \Box x) = \Box^* \varphi$ と説明したが，この η が μ であるか ν であるか（あるいは最小でも最大でもない不動点なのか）については言及しなかった．実は次のようになっている．

$\nu x.(\varphi \wedge \Box x) = \Box^* \varphi$,

$\mu x.(\varphi \wedge \Box x) =$「$\Box^* \varphi$ が成り立ち，かつ，ここから始まる無限パスは存在しない」

ただし $x \notin \mathrm{FV}(\varphi)$ とする．以下の二つの例でこれらを示す．

例 4.3.7 モデル $M = \langle S, \rightsquigarrow, V\rangle$ と命題変数 p を任意に固定して，$P = V(p)$ とする．$[\![\Box^* p]\!]^M$ に相当する集合 A を

$$A = \{s \in S \mid ({}^\forall n \geq 0)({}^\forall t)(s \rightsquigarrow^n t \text{ ならば } t \in P)\}$$

で定義すると，$[\![\nu x.(p \wedge \Box x)]\!]^M = A$ が成り立つ．これを示すために，A が関数 $F = \lambda X.([\![p \wedge \Box x]\!]^{M\{x:=X\}}) = \lambda X.(P \cap \Box_{\rightsquigarrow}(X))$ の最大不動点であることを示す．

【不動点であること】 A の定義と $\Box_{\rightsquigarrow}$ の定義から

$$\Box_{\rightsquigarrow}(A) = \{s \in S \mid ({}^\forall n \geq 1)({}^\forall t)(s \rightsquigarrow^n t \text{ ならば } t \in P)\}$$

がいえる．これを用いれば $A = P \cap \Box_{\rightsquigarrow}(A)$ が示される．

【最大不動点であること】 A が最大不動点でないと仮定すると，ある不動点 B と $b \in B$ があって $b \notin A$，すなわち $n \geq 0$ と t が存在して

$$b \rightsquigarrow^n t \text{ かつ } t \notin P \tag{4.1}$$

となる．一方，B が F の不動点であることから

$$\begin{aligned} B = F^{n+1}(B) &= P \cap \Box_{\rightsquigarrow}(P \cap \Box_{\rightsquigarrow}(\cdots(P \cap \Box_{\rightsquigarrow}(B))\cdots)) \\ &= P \cap \Box_{\rightsquigarrow}(P) \cap \Box^2_{\rightsquigarrow}(P) \cap \cdots \cap \Box^n_{\rightsquigarrow}(P) \cap \Box^{n+1}_{\rightsquigarrow}(B) \end{aligned} \tag{4.2}$$

である（一般に $\Box_{\rightsquigarrow}(X \cap Y) = \Box_{\rightsquigarrow}(X) \cap \Box_{\rightsquigarrow}(Y)$ が成り立つことに注意）．しかし，条件 (4.1) は $b \notin \Box^n_{\rightsquigarrow}(P)$ を意味しており，これは式 (4.2) と矛盾する．◢

例 4.3.8 M, P, A, F などは上の例 4.3.7 と同じとする．さらに状態集合 T を次で定義する．

$$T = \{t \in S \mid t \text{ から始まる } \rightsquigarrow \text{ の無限パスは存在しない}\}$$

すると，$[\![\mu x.(p \wedge \Box x)]\!]^M = A \cap T$ である．これを示すために，$A \cap T$ が関数 F の最小不動点であることを示す．

【不動点であること】 先ほど $A = P\cap\Box_{\leadsto}(A)$ を示した．一方，T の定義から $T = \Box_{\leadsto}(T)$ がいえる．これらから $A\cap T = P\cap\Box_{\leadsto}(A)\cap\Box_{\leadsto}(T) = P\cap\Box_{\leadsto}(A\cap T)$ が示される．

【最小不動点であること】 $A \cap T$ が最小不動点でないと仮定すると，ある不動点 B とある $c_0 \in A \cap T$ があって $c_0 \notin B$ となる．ところで，不動点 B は任意の s に対して次を満たす（証明は演習問題 4.3.9）．

$$(s \in A \text{ かつ } s \notin B) \text{ ならば } (^{\exists}t)(s \leadsto t \text{ かつ } t \in A \text{ かつ } t \notin B) \qquad (4.3)$$

c_0 から出発してこれを繰り返し適用すると，$c_0 \leadsto c_1 \leadsto \cdots$ という無限パスが出来てしまい，$c_0 \in T$ に矛盾する． ◢

演習問題 4.3.9　上の性質 (4.3) を証明せよ．

4.4　代入について

様相ミュー計算の議論には代入表記 $\varphi\{x{:=}\psi\}$ がしばしば登場する．厳密な議論のためには代入の正確な定義と性質を示しておく必要があるので，本節ではそれを説明する．

本節の目標は次の定理を示すことである．

定理 4.4.1

$$[\![\varphi\{x{:=}\psi\}]\!]^M = [\![\varphi]\!]^{M\{x:=[\![\psi]\!]^M\}}$$

つまり，論理式の変数に代入してから解釈することと，変数の解釈を変えたうえで論理式を解釈することは同じである．

なお，この定理の証明にはやや煩雑な議論が必要なので，概要だけを知りたい読者はこの節の残りを読み飛ばしても支障はない．

まず，論理式の代入表記を以下のように定める．ただし，この定義は後で改訂される．

定義 4.4.2［代入］　$\varphi\{x{:=}\psi\}$ は φ 中の**自由変数** x をすべて ψ に置き換えたものを表す．

例 4.4.3

$$(x \to \neg\mu y.(y \land x) \lor \mu x.\Diamond x)\ \{x{:=}\Box p\} = \Box p \to \neg\mu y.(y \land \Box p) \lor \mu x.\Diamond x.$$

ここで，自由変数として出現している x だけが $\Box p$ に置き換わっていることを確認してほしい． ◢

ところで，4.2 節の例 4.2.5 では ψ の束縛変数を変更して ψ' が得られた．一般にそのような操作を次で定義する．

> **定義 4.4.4［束縛変数の名前換え］**　論理式中の $\eta x.\varphi$ という部分を $\eta x'.(\varphi\{x{:=}x'\})$ に置き換える操作を**束縛変数の名前換え**という．ただし，x' は $\eta x.\varphi$ 中にまったく出現していない新しい変数である．

これを用いて代入表記の定義を改訂する．改訂の理由は次である．

$\mu y.(y \land x)\{x{:=}\Box y\} = \mu y.(y \land \Box y)$ というような代入は禁止したい．

この例では，$\Box y$ の中にあった自由変数 y が，代入することによって μy によって束縛されてしまっている．このような状況を**代入による新たな束縛の発生**とよぶ．正確には，代入 $\varphi\{x{:=}\psi\}$ が新たな束縛を発生させるとは，次の条件を満たす変数 y が存在することである．

y は ψ 中の自由変数であり，x は φ 中で $(\cdots \eta y.(\cdots x \cdots) \cdots)$ という位置に自由変数として現れる．

このような代入を許すと議論がおかしくなることがあるので，これを避けるために代入表記の定義を次のように改訂する．

> **定義 4.4.5［代入（改訂版）］**　$\varphi\{x{:=}\psi\}$ という表記は，この代入によって新たな束縛が発生しない場合は定義 4.4.2 と同じものを表すが，発生する場合には事前に φ に束縛変数の名前換えを何回か施して新たな束縛が発生しないようにしてから代入した結果を表す．

例 4.4.6

$$(x \to \neg \mu y.(y \wedge x) \vee \mu x.\Diamond x)\ \{x{:=}\Box y\} = \Box y \to \neg \mu z.(z \wedge \Box y) \vee \mu x.\Diamond x.$$

例 4.4.3 と比較してほしい. ◢

目標の定理 4.4.1 の証明をこれから与えていく. 準備として, 以下に補題と定理を与える.

補題 4.4.7 $x \notin \mathrm{FV}(\varphi)$ ならば $[\![\varphi]\!]^M = [\![\varphi]\!]^{M\{x:=X\}}$ である（X は任意）. つまり, 論理式の解釈はその中の自由変数の解釈だけに依存する.

［**証明**］ φ の構成に関する帰納法による（詳細は演習問題 4.4.9）. ■

補題 4.4.8 代入 $\varphi\{x{:=}\psi\}$ が新たな束縛を発生させないならば, 任意の M に対して $[\![\varphi\{x{:=}\psi\}]\!]^M = [\![\varphi]\!]^{M\{x:=[\![\psi]\!]^M\}}$ である.

［**証明**］ φ の構成に関する帰納法による. ここでは $\varphi = \mu y.\alpha$ （ただし $x \neq y$）で $x \in \mathrm{FV}(\alpha)$ の場合だけ示す（他の場合は演習問題 4.4.9）. 目標は次である.

$$[\![(\mu y.\alpha)\{x{:=}\psi\}]\!]^M = [\![\mu y.\alpha]\!]^{M\{x:=[\![\psi]\!]^M\}}$$

$$\begin{aligned}
\text{目標の左辺} &= [\![\mu y.(\alpha\{x{:=}\psi\})]\!]^M \\
&= \bigcap\{Y \mid [\![\alpha\{x{:=}\psi\}]\!]^{M\{y:=Y\}} \subseteq Y\} \\
&\overset{\text{帰納法の仮定}}{=} \bigcap\{Y \mid [\![\alpha]\!]^{M\{y:=Y\}\{x:=[\![\psi]\!]^{M\{y:=Y\}}\}} \subseteq Y\} && (4.4) \\
\text{目標の右辺} &= \bigcap\{Y \mid [\![\alpha]\!]^{M\{x:=[\![\psi]\!]^M\}\{y:=Y\}} \subseteq Y\} && (4.5)
\end{aligned}$$

ところで, $(\mu y.\alpha)\{x{:=}\psi\}$ が新たな束縛を発生させないという前提と $x \in \mathrm{FV}(\alpha)$ から $y \notin \mathrm{FV}(\psi)$ であるので, 補題 4.4.7 により $[\![\psi]\!]^M = [\![\psi]\!]^{M\{y:=Y\}}$ となり, 式 (4.4) と式 (4.5) が等しいことがいえる. ■

□ **演習問題 4.4.9** 補題 4.4.7, 4.4.8 の証明を補って完成させよ.

定理 4.4.10 φ に束縛変数の名前換えを 1 回適用して φ' が得られるならば，$[\![\varphi]\!]^M = [\![\varphi']\!]^M$ である．

［**証明**］ φ と φ' の解釈がどんなモデルでも一致することを φ の構成に関する帰納法で示せばよい．帰納法のベースになるのが

$$[\![\eta x.\alpha]\!]^M = [\![\eta y.(\alpha\{x{:=}y\})]\!]^M$$

（ただし y は $\eta x.\alpha$ 中に出現しない）であり，これを示せば後は簡単である．上の等式は以下のように示すことができる（$\eta = \mu$ とするが，ν の場合も同様）．

$$\begin{aligned}
\text{右辺} &= \bigcap\{Y \mid [\![\alpha\{x{:=}y\}]\!]^{M\{y:=Y\}} \subseteq Y\} \\
&= \bigcap\{Y \mid [\![\alpha]\!]^{M\{y:=Y\}\{x:=Y\}} \subseteq Y\} \quad (\text{$[\![y]\!]^{M\{y:=Y\}} = Y$ と補題 4.4.8 による}) \\
&= \bigcap\{Y \mid [\![\alpha]\!]^{M\{x:=Y\}} \subseteq Y\} \qquad (\text{補題 4.4.7 による}) \\
&= \text{左辺}
\end{aligned}$$

■

以上の準備で本節の目標の定理 4.4.1 が証明できる．

［**定理 4.4.1 の証明**］ $\varphi\{x{:=}\psi\}$ の定義から，次を満たす φ' が存在する．

> φ' は φ に束縛変数の名前換えを何回か施して得られるものであり，$\varphi'\{x{:=}\psi\}$ は新たな束縛を発生させず，$\varphi\{x{:=}\psi\}$ は $\varphi'\{x{:=}\psi\}$ に等しい．

よって，題意は次のように示される．

$$\begin{aligned}
[\![\varphi\{x{:=}\psi\}]\!]^M &= [\![\varphi'\{x{:=}\psi\}]\!]^M \\
&= [\![\varphi']\!]^{M\{x:=[\![\psi]\!]^M\}} \qquad (\text{補題 4.4.8 による}) \\
&= [\![\varphi]\!]^{M\{x:=[\![\psi]\!]^M\}} \qquad (\text{定理 4.4.10 を何回か})
\end{aligned}$$

■

4.5 基本性質

様相ミュー計算においても，証明体系の健全性・完全性，真偽の計算可能性，恒真性の計算可能性，有限モデル性という基本性質が成り立つ．このうちの証明体系の完全性 ¶2，恒真性の計算可能性，有限モデル性については，その証明

¶2 文献 [13] には様相ミュー計算のいろいろな証明体系とそれらの完全性に関する説明がある．

が他の様相論理に比べて格段に難しいので割愛し，以下では真偽の計算可能性と証明体系の健全性だけを示す．

定理 4.5.1 ［様相ミュー計算の真偽の計算可能性］ 与えられた有限の様相ミューモデル M，状態 s，論理式 φ に対して $s \in [\![\varphi]\!]^M$ か否かを判定する問題は計算可能である．

［証明］ **K** 論理式の真偽の計算（定理 2.5.2）と同様に，定義 4.3.2 に沿って φ をばらしながら $[\![\varphi]\!]^M$ を計算していけばよい．その際，$[\![\eta x.\alpha]\!]^M$ を計算するには状態のすべての部分集合 X に対して $[\![\alpha]\!]^{M\{x:=X\}}$ を求める必要があるが，状態数が有限なので，これは計算可能である． ■

様相ミュー計算の証明体系（健全性と完全性が成り立つもの）としては，次がよく知られている．

定義 4.5.2 ［体系 $\mathcal{H}_\mu$］ $\mathcal{H}_\mu$ は **K** の証明体系 $\mathcal{H}_{\mathbf{K}}$（の公理と推論規則を様相ミュー論理式として読んだもの）に次を追加して得られる．

公理

$$\varphi\{x{:=}\mu x.\varphi\} \to \mu x.\varphi \qquad (\mu\ \text{公理})$$

$$\nu x.\varphi \to \varphi\{x{:=}\nu x.\varphi\} \qquad (\nu\ \text{公理})$$

推論規則

$$\frac{\varphi\{x{:=}\psi\} \to \psi}{\mu x.\varphi \to \psi} \qquad (\mu\ \text{規則})$$

$$\frac{\psi \to \varphi\{x{:=}\psi\}}{\psi \to \nu x.\varphi} \qquad (\nu\ \text{規則})$$

この体系で論理式 φ が証明できることを $\mathcal{H}_\mu \vdash \varphi$ と書く．

定理 4.5.3 ［$\mathcal{H}_\mu$ の健全性］ $\mathcal{H}_\mu \vdash \varphi$ ならば，任意の様相ミューモデルの任意の状態で φ は真である．

［証明］ $\mathcal{H}_{\mathbf{K}}$ の健全性（定理 2.5.7(2 ⇒ 1)）の証明に上記の公理と規則に関する議論を追加すればよい．まず，任意の様相ミューモデル $M = \langle S, \rightsquigarrow, V\rangle$ と任意の論理式 α, β について次が成り立つことに注意する（これは $\to$ の解釈の定義から簡単に示される）．

$$[\![\alpha \to \beta]\!]^M = S \quad \Longleftrightarrow \quad [\![\alpha]\!]^M \subseteq [\![\beta]\!]^M$$

したがって，μ 公理が恒真であることと μ 規則が恒真性を保存することを示すには，次の二つを示せば十分である．

(I) $[\![\varphi\{x{:=}\mu x.\varphi\}]\!]^M \subseteq [\![\mu x.\varphi]\!]^M$.

(II) $[\![\varphi\{x{:=}\psi\}]\!]^M \subseteq [\![\psi]\!]^M$ ならば $[\![\mu x.\varphi]\!]^M \subseteq [\![\psi]\!]^M$.

ところで，$[\![\mu x.\varphi]\!]^M$ が $\lambda X.[\![\varphi]\!]^{M\{x:=X\}}$ の最小不動点であることから，次が成り立つ．

(i) $[\![\varphi]\!]^{M\{x:=[\![\mu x.\varphi]\!]^M\}} = [\![\mu x.\varphi]\!]^M$.

(ii) $[\![\varphi]\!]^{M\{x:=X\}} \subseteq X$ ならば $[\![\mu x.\varphi]\!]^M \subseteq X$.（$X$ は任意）

この (i), (ii) と定理 4.4.1 から (I), (II) が示される．

ν 公理と ν 規則についても同様に示すことができる． ■

注意 4.5.4 $\alpha\mathsf{AU}\beta = \mu x.(\beta \vee (\alpha \wedge \mathsf{AX}x))$，$\alpha\mathsf{EU}\beta = \mu x.(\beta \vee (\alpha \wedge \mathsf{EX}x))$ とすれば，第 3 章の証明体系 $\mathcal{H}_{\mathbf{CTL}}$（定義 3.4.6）の AU 帰納法規則と EU 帰納法規則は，両方とも μ 規則の形になっている．

4.6 ゲーム意味論：論理式

論理式 φ とモデル M とその中の状態 s に対して，s での φ の真偽（すなわち $s \in [\![\varphi]\!]^M$ か否か）は 4.3 節で定められた．一方，φ, M, s から特別なゲームを作り，そのゲームの必勝戦略の有無によって論理式の真偽を定めるのが**ゲーム意味論**という方法である．これを用いると論理式の意味が簡単に扱えるようになり，たとえば例 4.3.7 で最大不動点の定義などを用いて証明した $\nu x.(p \wedge \Box x) = \Box^* p$ という事実は，ゲーム意味論を用いればあっという間に証明できる（例 4.8.4）．

本節ではゲーム意味論の準備として，扱う論理式について説明する．

ゲーム意味論では，定義や議論を簡潔にするために，論理式に次の 2 条件を課す．

- 否定標準形である．
- すべての変数の役割が分離されている．

それぞれの定義はこれから与えるが，論理式をこの条件を満たすものだけに制限しても論理式の表現力が弱まることはない（この事実も後で証明する）．つまり，ゲーム意味論の適用範囲は前節までの論理式と実質的に変わらない．

まず否定標準形を定義する．

定義 4.6.1［否定標準形］　次の両方の条件を満たす論理式を**否定標準形**とよぶ．

- $\neg$ は命題変数に直接付く形でしか出現しない（$\neg\neg p$ という形も禁止する）．
- $\to$ と $\leftrightarrow$ はどちらも出現しない．

具体的には，例 4.2.4 と 4.2.5 の論理式は否定標準形であり，例 4.4.3 の論理式は否定標準形でない．

どんな論理式も同値な否定標準形に書き換えることができる．以下がその方法である．

(1) まず，以下の書き換えを部分論理式にできる限り施して，$\to$ と $\leftrightarrow$ をすべてなくす．

$$\begin{aligned} \varphi \to \psi &\quad\Longrightarrow\quad \neg\varphi \lor \psi \\ \varphi \leftrightarrow \psi &\quad\Longrightarrow\quad (\varphi \land \psi) \lor (\neg\varphi \land \neg\psi) \end{aligned}$$

(2) 次に，以下の書き換えを部分論理式にできる限り施して，すべての $\neg$ を論理式の一番内側へ押し込める．

$$\begin{aligned} \neg(\varphi \land \psi) &\quad\Longrightarrow\quad \neg\varphi \lor \neg\psi \\ \neg(\varphi \lor \psi) &\quad\Longrightarrow\quad \neg\varphi \land \neg\psi \\ \neg\Box\varphi &\quad\Longrightarrow\quad \Diamond\neg\varphi \\ \neg\Diamond\varphi &\quad\Longrightarrow\quad \Box\neg\varphi \\ \neg\mu x.\varphi &\quad\Longrightarrow\quad \nu x.\neg(\varphi\{x{:=}\neg x\}) \\ \neg\nu x.\varphi &\quad\Longrightarrow\quad \mu x.\neg(\varphi\{x{:=}\neg x\}) \end{aligned}$$

(3) 最後に，二重否定 $\neg\neg$ をすべて消し，$\neg\top$ を $\bot$ に書き換え，$\neg\bot$ を $\top$ に書き換えることで，$\neg$ は命題変数に直接付く形だけが残るようにする．

例 4.6.2 $\nu x.\mu y.(\Diamond x \wedge \Box y) \to p$ は以下のようにして，否定標準形に書き換えられる．

$$\begin{aligned}
\nu x.\mu y.(\Diamond x \wedge \Box y) \to p &\implies \neg \nu x.\mu y.(\Diamond x \wedge \Box y) \vee p \\
&\implies \mu x.\neg \mu y.(\Diamond \neg x \wedge \Box y) \vee p \\
&\implies \mu x.\nu y.\neg(\Diamond \neg x \wedge \Box \neg y) \vee p \\
&\implies \mu x.\nu y.(\neg \Diamond \neg x \vee \neg \Box \neg y) \vee p \\
&\implies \mu x.\nu y.(\Box \neg\neg x \vee \Diamond \neg\neg y) \vee p \\
&\implies \mu x.\nu y.(\Box x \vee \Diamond y) \vee p
\end{aligned}$$

◢

定理 4.6.3 上記の否定標準形への書き換えは，モデル上での論理式の解釈を変えない．

［証明］ 上記に列挙した書き換え $\alpha \Longrightarrow \beta$ それぞれについて $[\![\alpha]\!]^M = [\![\beta]\!]^M$ を示せばよい（M は任意のモデル）．自明でないのが μ と ν に関するものである．たとえば

$$\neg \mu x.\varphi \quad \Longrightarrow \quad \nu x.\neg(\varphi\{x{:=}\neg x\})$$

に対しては，右辺から左辺へ次のように示される．なお以下では，状態の全体集合に対する補集合を上線で表す（つまり $[\![\neg\psi]\!]^M = \overline{[\![\psi]\!]^M}$）．

$$\begin{aligned}
[\![\nu x.\neg(\varphi\{x{:=}\neg x\})]\!]^M &= \bigcup\{X \mid [\![\neg(\varphi\{x{:=}\neg x\})]\!]^{M\{x:=X\}} \supseteq X\} \\
&= \bigcup\{X \mid \overline{[\![\varphi\{x{:=}\neg x\}]\!]^{M\{x:=X\}}} \supseteq X\} \\
&= \bigcup\{X \mid \overline{[\![\varphi]\!]^{M\{x:=X\}\{x:=\overline{X}\}}} \supseteq X\} \quad \text{（定理 4.4.1 による）} \\
&= \bigcup\{X \mid \overline{[\![\varphi]\!]^{M\{x:=\overline{X}\}}} \supseteq X\} \\
&= \bigcup\{\overline{Y} \mid \overline{[\![\varphi]\!]^{M\{x:=Y\}}} \supseteq \overline{Y}\} \quad \text{（}X = \overline{Y}\text{ とおいた）} \\
&= \bigcup\{\overline{Y} \mid [\![\varphi]\!]^{M\{x:=Y\}} \subseteq Y\} \\
&= \overline{\bigcap\{Y \mid [\![\varphi]\!]^{M\{x:=Y\}} \subseteq Y\}} = [\![\neg \mu x.\varphi]\!]^M
\end{aligned}$$

■

次に変数の役割分離について定義する．

定義 4.6.4 ［変数の役割分離］　次の両方の条件が成り立つとき，論理式 φ のすべての変数の役割は分離されている，という．

- φ 中に同一の変数 x に対する複数の ηx は出現しない．
- φ 中で同一の変数が束縛変数と自由変数の両方で出現することはない．

たとえば，例 4.2.5 の ψ は変数の役割が分離されておらず，その意味を変えずに役割分離したのが ψ' である．

変数の役割分離がなされていない論理式には，束縛変数の名前換え（定義 4.4.4）を適切に何回か施すことで役割分離を達成することができ，しかもその書き換えは論理式の解釈を変えない（定理 4.4.10）．

以上をまとめることで次がいえる．

どんな論理式も，モデル上での解釈を変えることなく，否定標準形であってすべての変数の役割が分離された論理式に変形できる．

4.7　ゲーム意味論：定義

本章ではこれ以降，論理式といったら，否定標準形であってすべての変数の役割が分離された論理式のこととする．

論理式中の自由変数，および自由変数に $\neg$ が付いたもの（つまり p や $\neg p$ という形の式）のことを**リテラル**とよぶ．

論理式中で μ で束縛される変数を「μ 変数」，ν で束縛される変数を「ν 変数」とよぶ（変数の役割分離がなされているので，x を束縛する ηx はただ一つであることに注意）．

論理式を根を上にした木で表現する．ただし木の葉（下端ノード）になるのはリテラル，μ 変数，ν 変数，$\top$, $\bot$ であり，葉以外のノードになるのは $\wedge$, $\vee$, $\Box$, $\Diamond$, μx, νx（x は任意の変数）である（つまり $\neg$ は命題変数と一体化させて扱う）．たとえば，論理式

$$\mu x.\big((\nu y.(\neg p \vee \mu z.(y \wedge \Diamond(x \wedge z)))) \vee \nu w.(\top \wedge \Box(x \wedge w))\big)$$

を木で表現したのが図 4.1 である．

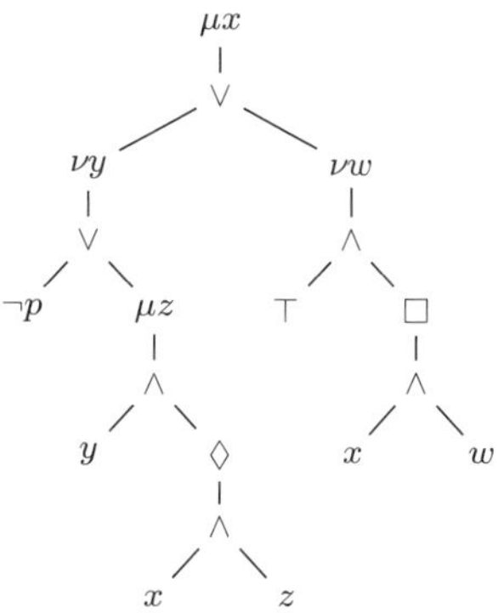

図 4.1　論理式 $\mu x.\big((\nu y.(\neg p \vee \mu z.(y \wedge \Diamond(x \wedge z)))) \vee \nu w.(\top \wedge \Box(x \wedge w))\big)$

一般に，論理式 φ 中の束縛変数の間の二項関係（大小関係）$>_\varphi$ を次で定義する．

$a >_\varphi b \iff$ φ を木で書いたとき，ηb から根に至るパス上に ηa がある．

これは $\varphi = (\cdots \eta a.(\cdots(\eta b.\psi)\cdots)\cdots)$ となっていること，といってもよい．たとえば，図 4.1 の論理式を φ としたとき

$$x >_\varphi y, \quad x >_\varphi z, \quad x >_\varphi w, \quad y >_\varphi z$$

が成り立ち，これ以外の変数間では $>_\varphi$ は成り立たない．

以上の準備のもとで**評価ゲーム** (evaluation game) というものを定義する．これは論理式，様相ミューモデル，そのモデルの中の状態，の三つを決めると定まるゲームである．論理式 ξ とモデル M と状態 s_0 に対して定まる評価ゲームを

$$\mathcal{E}(\xi, M, s_0)$$

と表記する．

評価ゲームのプレイヤーは 2 人で，名前を**肯定者**と**否定者**とする．ゲーム $\mathcal{E}(\xi, M, s_0)$ の盤面は「論理式 ξ の木」と「モデル M」の組であり，それぞれの上で駒（それぞれ**論理式駒**と**状態駒**とよぶ）を動かす．論理式の木の上では，各ノードとそれを根とする部分論理式とを同一視する（たとえば図 4.1 でノード μz と論理式 $\mu z.(y\wedge\Diamond(x\wedge z))$ とを同一視する）．論理式駒は ξ の木のノード

に置かれて，下に向かって（すなわち部分論理式の方向へ）進んでいき，下端に到達した場合そこがリテラルか $\top$ か $\bot$ ならばプレイが終了し，束縛変数ならば上のほうのノードに戻ってプレイが続行される．状態駒は M の状態に置かれて遷移関係に沿って進んでいく．

二つの駒が指している内容の組 (φ, s) を**局面**とよぶ．ゲーム $\mathcal{E}(\xi, M, s_0)$ の開始時の局面（初期局面という）は (ξ, s_0) であり，そこから始まる局面の推移列が**プレイ**である．局面 (φ, s) において二人は表 4.1 のルールに従って駒を動かす．**肯定者の目的は論理式 φ が状態 s で真であることを示すこと，否定者の目的はそれが偽であることを示すこと**である．

表 4.1　局面 (φ, s) からの進行ルール

φ	手番	論理式駒の動き	状態駒の動き
$\wedge$	否定者	一つ下へ	s のまま
$\vee$	肯定者	一つ下へ	s のまま
$\Box$	否定者	一つ下へ	s から 1 回遷移，できなければ肯定者の勝利で終了
$\Diamond$	肯定者	一つ下へ	s から 1 回遷移，できなければ否定者の勝利で終了
ηx	—	一つ下へ	s のまま
束縛変数 x	—	ηx の一つ下へ	s のまま
上記以外 (注)	φ が s で真ならば肯定者の勝利で終了，偽ならば否定者の勝利で終了		

（注）上記以外とはリテラル，$\top$，$\bot$ のどれかである．

たとえば論理式駒が $\alpha \wedge \beta$ を指しているときは，否定者が α と β のどちらか好きなほうを選んで論理式駒を進める．その際，状態駒は動かせない．また，たとえば論理式駒が $\Diamond\alpha$ を指しているときは，肯定者が両方の駒を一つずつ進める．論理式駒には選択肢が α しかないが，状態駒には一般に複数の選択肢があるので 1 ステップで遷移可能な好きな状態に駒を進める．ただし選択肢がないとき，つまりその状態からの遷移先が存在しない場合は，その時点で肯定者の負け，否定者の勝ちとしてプレイが終了する．

論理式駒が ηx や束縛変数を指している場合は，次の局面に選択の余地がないので，誰の手番かは定めていない．論理式駒が束縛変数 x を指している場合はそれを束縛する ηx の一つ下のノードへ論理式駒をジャンプさせる．この動作を**展開**とよぶ（この動作で x が展開された，という）．展開は一般には木の

上のほう（根に近いほう）のノードへのジャンプになるが，特殊な場合として $\eta x.x$ という論理式の場合は x から x へのその場でのジャンプになる．

プレイは無限に続く場合がある（**無限プレイ**とよぶ）．その場合は

> 無限回展開される束縛変数全体の中での $>_\xi$ に関する最大要素が μ 変数の場合は否定者の勝利，ν 変数の場合は肯定者の勝利

と定める（「最小不動点は小さくて真になりにくいので否定者の勝利」と覚えればよい）．正確にいえば，無限プレイ P に対して ξ の束縛変数の集合を

$$\mathrm{Inf}(P) = \{x \mid x \text{ は } P \text{ の中で無限回展開される}\}$$

と定めたとき，

$$({}^\forall x \in \mathrm{Inf}(P))\ (x_0 >_\xi x \text{ または } x_0 = x) \tag{4.6}$$

を満たす束縛変数 x_0 が μ 変数ならば否定者の勝利，ν 変数ならば肯定者の勝利である．これで勝敗が必ず定まることは次の定理で保証される．

定理 4.7.1　評価ゲーム $\mathcal{E}(\xi, M, s_0)$ のどんな無限プレイ P に対しても，上記の条件 (4.6) を満たす束縛変数 x_0 が（P ごとに）ただ一つ存在する．

［証明］　$\mathrm{Inf}(P)$ は空でない有限集合である．ここで，$\mathrm{Inf}(P)$ 中のどんな二つの変数 a, b も次の (1), (2), (3) のいずれかを満たす．

(1) $a >_\xi b$.
(2) $b >_\xi a$.
(3) ある $c \in \mathrm{Inf}(P)$ が存在して $c >_\xi a$ かつ $c >_\xi b$.

その理由は以下のとおりである．(1),(2) がどちらも成り立たないとする．このとき，ηa と ηb は，図 4.1 の論理式における μz と νw のように木の中で左右に分かれて存在している．さて，a と b が無限回展開されるということは論理式駒が「ηa より下」と「ηb より下」の両方の部分を無限回通るということであるが，そのためには両者の橋渡しになるノード ηc（図 4.1 の場合は μx）が ηa と ηb の両方よりも上方にあって，c も無限回展開される必要がある（橋渡しノードが複数あったとしても有限個なので，その中のどれかは無限回展開される）．よって，(3) が成り立つ．この性質を用いれば $\mathrm{Inf}(P)$ の中に $>_\xi$ に関する最大要素が存在することが簡単にわかる．■

以上が評価ゲーム $\mathcal{E}(\xi, M, s_0)$ の定義である．そして，これを用いて論理式の真偽を次のように定めるのがゲーム意味論である．

定義 4.7.2［ゲーム意味論］ $\mathcal{E}(\xi, M, s_0)$ に肯定者の必勝戦略が存在するとき，かつそのときに限り，モデル M の状態 s_0 で論理式 ξ が（ゲーム意味論の意味で）真である，という．

ここで必勝戦略とは，相手がどのように駒を進めても自分が勝てる駒の進め方のことである．その正確な定義は 4.9 節で与える．

ゲーム意味論による論理式の真偽が 4.3 節の定義による真偽と一致することは，不動点演算子が含まれる場合にはまったく自明でないが，それを示したのが次の定理である．

定理 4.7.3［ゲーム意味論の妥当性］ 任意の論理式 ξ，任意の様相ミューモデル M，任意の状態 s に対して，次の 2 条件は同値である．

(1) $s \in [\![\xi]\!]^M$，すなわち ξ は M の状態 s で（4.3 節の意味で）真である．

(2) 評価ゲーム $\mathcal{E}(\xi, M, s)$ に肯定者の必勝戦略が存在する．

これがゲーム意味論の基本となる重要な定理であり，4.9 節で証明を与える．

注意 4.7.4 肯定者，否定者というプレイヤーの名前は本書独自のものである．立証者 (verifier) と偽証者 (falsifier) とよぶ文献もある．また，「否定者の任意の進め方に対して肯定者が勝利する進め方が存在する」という内容を反映して，否定者を ∀，肯定者を ∃ とよぶ文献もあるし，A と E を頭文字とする Adam と Eve や，Abelard と Eloise という名前を付けている文献もある．

4.8 ゲーム意味論：使用例

この節では，ゲーム意味論の使い方と有用性を具体例を通して説明する．

例 4.8.1 $\varphi = (p \wedge (\neg p \vee \neg q)) \vee q$ とする（図 4.2）．モデル M の状態 s で p が真，q が偽とすると，φ は真である．これに対する評価ゲーム $\mathcal{E}(\varphi, M, s)$

は，初期局面で論理式駒が φ の木の根にあり，プレイ進行は論理式駒が下に動くだけである（状態駒は動かない）．肯定者には次の必勝戦略がある．

> 根 $\vee$ では左の子 $p \wedge (\neg p \vee \neg q)$ を選び，$\wedge$ で否定者が p を選べば肯定者の勝ち，$\wedge$ で否定者が $\neg p \vee \neg q$ を選んでも次の $\vee$ で $\neg q$ を選べば肯定者の勝ち．

この論理式は様相記号も不動点演算子もない純粋な命題論理式であり，すなわちこれは命題論理のゲーム意味論の例にもなっている．◢

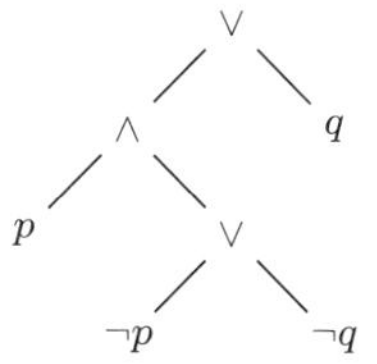

図 4.2　論理式 $(p \wedge (\neg p \vee \neg q)) \vee q$

例 4.8.2　論理式 $\varphi = \mu x.(p \vee \Box x)$（図 4.3），様相ミューモデル M_0 を図 4.4 とする（状態は $\{1, 2, 3\}$，p は 2 のみで真）．すると，評価ゲーム $\mathcal{E}(\varphi, M_0, 1)$ の**完全ゲーム木**は図 4.5 になる．ただし完全ゲーム木とは，初期局面を根とし

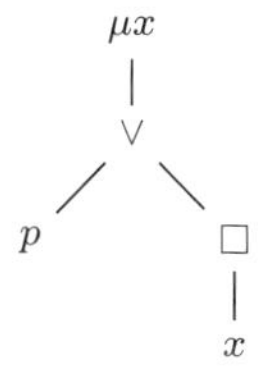

図 4.3　論理式 $\varphi = \mu x.(p \vee \Box x)$

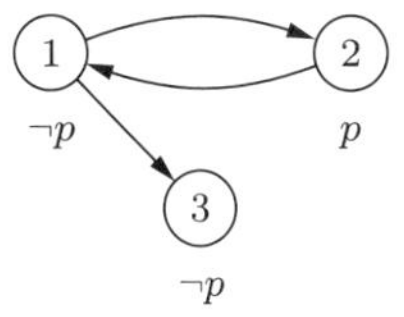

図 4.4　モデル M_0

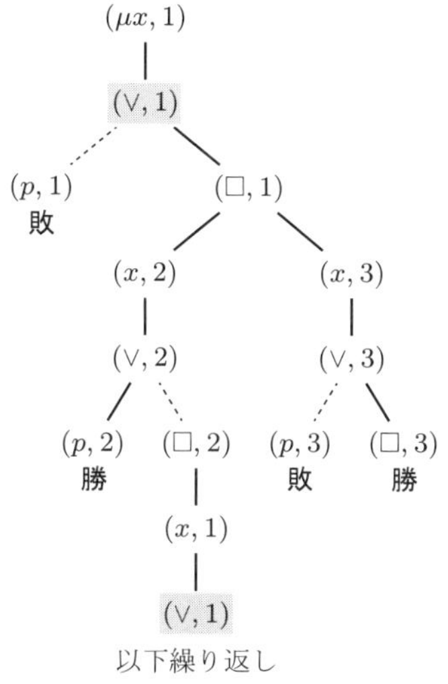

図 4.5　$\mathcal{E}(\varphi, M_0, 1)$ の完全ゲーム木

て，各局面から一手で進むことができるすべての局面をその子とする木である．網かけした二つの局面は同じなので，「以下繰り返し」の下に同様な木がつながり，それが繰り返されて無限木になる．ゲーム木の葉に書かれた「勝／敗」は肯定者の勝敗である．実線と破線の両方の枝が出ている局面は肯定者の手番で，実線を選べば肯定者が勝てるが，破線を選ぶと負ける可能性がある（負けのパターンとしては，「敗」の葉で終わる場合と無限プレイで負ける場合がある）．このゲームは肯定者が実線を選べば，否定者が $(\Box, 1)$ でどちらを選んでも肯定者の勝ちで終わる．つまり，この完全ゲーム木の中の実線が肯定者の必勝戦略を表しており，それが存在するので状態 1 で φ は真である． ◢

例 4.8.3　上の例 4.8.2 の論理式 φ は，任意の様相ミューモデル M の任意の状態 s で次の意味になる．

$$M, s \models \mu x.(p \vee \Box x) \quad \Longleftrightarrow \quad \text{s から始まるどんな無限パス上にも p が真の状態がある．}$$

つまり，この論理式は第 3 章の **CTL** の論理式 $\mathsf{AF}p$ と同じ意味である（ただし **CTL** では状態遷移系に継続性を課していた点が異なる）．このことをゲーム意味論で確認する．すなわち，次の 2 条件が同値になることを示す．

($\heartsuit$) $\mathcal{E}(\mu x.(p \vee \Box x), M, s)$ に肯定者の必勝戦略が存在する．
($\clubsuit$) s から始まるどんな無限パス上にも p が真の状態がある．

【($\heartsuit$) $\Rightarrow$ ($\clubsuit$)】対偶を示す．s から始まる無限パス Q があって，その上のすべての状態で p が偽とする．このゲームでは状態駒を進められるのは否定者だけである．そこで，否定者が常に Q に沿って状態駒を進めた場合，肯定者は $\vee$ で p を選ぶと負けるし，$\vee$ で $\Box$ を選び続けると無限プレイになって負ける．つまり，肯定者に必勝戦略はない．

【($\clubsuit$) $\Rightarrow$ ($\heartsuit$)】肯定者の戦略として「$\vee$ では，そのときの状態で p が真ならば p を選び，偽ならば $\Box$ を選ぶ」というものを考える．もし ($\clubsuit$) が成り立つならばこの戦略で無限プレイが存在しないことになるので，肯定者が $\vee$ の局面で真な p を選んで勝つか，否定者の $\Box$ の局面で遷移先がなくて肯定者が勝つかであり，いずれにしても肯定者がいつかは必ず勝つ．つまり，これが必勝戦略である． ◢

例 4.8.4　例 4.3.7 では $\nu x.(p \wedge \Box x)$ が $\Box^* p$ の意味になることを不動点を用いて示したが，これはゲーム意味論を用いると簡単にわかる．まず，この論理式によるゲームは手番がすべて否定者であることに注意する．もし $s \not\models \Box^* p$ ならば，否定者は論理式駒を $\wedge \Rightarrow \Box \Rightarrow x \Rightarrow \wedge \Rightarrow \Box \Rightarrow x \Rightarrow \cdots$ と進めながら p が偽の状態を目指して状態駒を進めることができ，最後に p を選んで勝利することができる．すなわち，肯定者の必勝戦略は存在しない．もし $s \models \Box^* p$ ならば，どんなプレイも肯定者の勝利になることは定義から簡単にわかり，つまり肯定者には，何もせず（何もできない！）高みの見物という必勝戦略が存在する．◢

例 4.8.5　$\nu x.\mu y.((p \wedge \Diamond x) \vee \Diamond y)$ が「ここから始まるある無限パスが存在して，その上で p が無限回真になる」という意味（3.5 節で説明した **CTL*** の論理式 EGFp と同じ）になることを示す．すなわち，M, s を任意に固定して次の 2 条件の同値性を示す．

(♡) $\mathcal{E}(\nu x.\mu y.((p \wedge \Diamond x) \vee \Diamond y), M, s)$ に肯定者の必勝戦略が存在する．

(♣) s から始まる無限パス $s \rightsquigarrow s_1 \rightsquigarrow s_2 \rightsquigarrow \cdots$ と無限個の添字集合 $I = \{i_1, i_2, \ldots\}$ が存在して，すべての $i \in I$ について $M, s_i \models p$．

【(♡) ⇒ (♣)】このゲームの勝敗の決まり方には次の 5 パターンしかない．

(1) $t \models p$ なる局面 (p, t) で肯定者の勝利．

(2) $t \not\models p$ なる局面 (p, t) で否定者の勝利．

(3) 局面 $(\Diamond, t)$ で t から遷移先がなくて否定者の勝利．

(4) x が無限回展開されるプレイで肯定者の勝利．

(5) x は有限回で y が無限回展開されるプレイで否定者の勝利．

そこで肯定者が必勝戦略を用い，否定者が「局面 $(\wedge, t)$ においては，$t \models p$ ならば論理式駒を $\Diamond x$ へ動かし，$t \not\models p$ ならば p へ動かす」という戦略でプレイしたとする．すると，上述の 5 パターンの中でこのプレイに当てはまる可能性があるのは (4) だけになる．このプレイで状態駒が動いていくパスが，求める「p が無限回真になるパス」になっている．

【(♣) ⇒ (♡)】(♣) で存在が主張されているパスを Q とよぶ．すると，以下が肯定者の必勝戦略になる．

局面 $(\vee, t)$ においては，$t \models p$ ならば論理式駒を $\wedge$ へ動かし，$t \not\models p$ ならば $\Diamond y$ へ動かす．論理式駒が $\Diamond x$ や $\Diamond y$ のときには状態駒をパス Q に沿って進める（様相記号 $\Box$ は現れないので否定者によって状態駒を Q から外されてしまうことはない）．

肯定者がこの戦略でプレイすれば，論理式駒が $\wedge$ で p が真のときに否定者が迂闊に論理式駒を p へ動かせば肯定者の勝利である．そのような迂闊な行動を否定者が行わない限りプレイは無限に続くが，その無限プレイでは必ず x が無限回展開される（パス上に p が成り立つ状態が無限個存在するので）．したがって，肯定者が必ず勝利する．◢

上の例 4.8.5 はゲーム意味論の有用性をよく現している．不動点演算子が入れ子になったこのような論理式の意味を，4.3 節の方法で不動点を使って考えるのはかなり難解である．

演習問題 4.8.6　論理式 $\mu x.(q \vee (p \wedge \Diamond x))$ および $\nu x.(q \vee (p \wedge \Diamond x))$ がそれぞれ次の意味（第 3 章の **CTL** の論理式 $p\mathsf{EU}q$ および $p\mathsf{EW}q$ と同じ）になることを，ゲーム意味論を用いて示せ．

(1) $s_0 \models \mu x.(q \vee (p \wedge \Diamond x)) \iff$ $s_0 \rightsquigarrow s_1 \rightsquigarrow \cdots \rightsquigarrow s_n$（ただし $n \geq 0$）が存在して $s_1, s_2, \ldots, s_{n-1}$ で p が真，s_n で q が真となる．

(2) $s_0 \models \nu x.(q \vee (p \wedge \Diamond x)) \iff$ 上記の $\mu x.(q \vee (p \wedge \Diamond x))$ の条件が成り立つ，または s_0 から始まるある無限パス上のすべての状態で p が真になる．

4.9　ゲーム意味論：妥当性の証明 ［詳細］

本節では，文献 [28] に基づいてゲーム意味論の妥当性（定理 4.7.3）を証明する．はじめに，証明の道具として使用するゲームを導入する．

定義 4.9.1 ［展開ゲーム，$\mathcal{U}^{\nu}$，$\mathcal{U}^{\mu}$］　S が空でない集合，F が $\mathfrak{P}(S)$ 上の関数のとき，F を使った**展開ゲーム** (unfolding game) というゲームを以下のように定める．

- プレイヤーは2名で，名前は**甲**と**乙**とする．
- 局面は S の要素または S の部分集合である．初期局面は S の要素で，これは**甲**の手番である．
- プレイは**甲**と**乙**が交互に手番になって進行する．
- ゲーム進行に関するルールは次のとおりである（以下では s などで S の要素を表し A などで S の部分集合を表す）．
  - **甲**の手番で局面が s のとき．**甲**は次の局面として

$$s \in F(A)$$

    となる A を自由に選ぶ．ただし，そのような A が存在しなければ**乙**の勝利で終了．
  - **乙**の手番で局面が A のとき．**乙**は次の局面として

$$A \ni s$$

    となる s を自由に選ぶ．ただし，A が空集合ならば**甲**の勝利で終了．

  つまり，相手の選択肢を無くすことができればその時点で勝利である．
- 無限プレイの勝敗については次の二つのルールがある．
  - （ルール1）すべての無限プレイは**甲**の勝利．
  - （ルール2）すべての無限プレイは**乙**の勝利．

  どちらのルールを採用するかで異なるゲームになる．ルール1を採用したゲームを $\mathcal{U}^{\nu}(F)$ と名付け，ルール2を採用したゲームを $\mathcal{U}^{\mu}(F)$ と名付ける．

後の議論を見ればわかるが，プレイヤー**甲**は評価ゲームの肯定者に対応し，**乙**は否定者に対応している．評価ゲームでは最大無限展開が ν 変数の場合に肯定者の勝利であったが，それが上記のルール1に対応しており，ルール1をもつゲームの名前に ν が付いている（否定者と μ とルール2との対応も同様である）．

次に，評価ゲームと展開ゲームの「必勝戦略」などの概念を正確に定義する．

定義 4.9.2 [完全ゲーム木，必勝戦略，必勝局面， Win]

(1) 初期局面を根として，各ノードにはそこから一手で進むことができるすべての局面が子として付いている木のことを，**完全ゲーム木**とよぶ（たとえば前節の図 4.5）.

(2) プレイヤーが p_1 と p_2 のとき，以下の 3 条件を満たす木 T のことを p_1 の**必勝戦略**とよぶ.

- T は完全ゲーム木から（根は必ず残して）0 個以上の枝を切り落としてできる木である.
- T の各ノード a は次の条件を満たす. a が最終局面でない（つまり勝敗の決着がついていない局面）ならば，それが p_1 の手番の場合は a には必ず**一つだけの**子があり，それが p_2 の手番の場合はその局面から一手で進むことのできる**すべての局面**が a の子になっている.
- T の根から始まり可能な限り遷移したパス（つまり最終局面に至るパスおよび無限パス）は，すべて p_1 の勝利プレイになっている.

たとえば，図 4.5 の完全ゲーム木から破線の枝を切り落とした木は，肯定者の必勝戦略である.

(3) ゲーム $\mathcal{G}$ に局面 s を根とするプレイヤー p の必勝戦略が存在するとき，s を p の**必勝局面**という. そのような必勝局面全体の集合を $\mathrm{Win}(\mathcal{G}, p)$ と表記する.

必勝戦略と不動点という一見まったく異なる二つの概念を結びつけるのが，次の定理である（4.1 節の記法や結果を利用する）.

定理 4.9.3 S が非空な集合，F が $\mathfrak{P}(S)$ 上の単調関数ならば，$\mathrm{LFP}(F) = \mathrm{Win}(\mathcal{U}^{\mu}(F), \text{甲})$ かつ $\mathrm{GFP}(F) = \mathrm{Win}(\mathcal{U}^{\nu}(F), \text{甲})$ である.

[証明]

【$\mathrm{LFP}(F) \supseteq \mathrm{Win}(\mathcal{U}^{\mu}(F), \text{甲})$ の証明】 $s \in \mathrm{Win}(\mathcal{U}^{\mu}(F), \text{甲})$ とする. つまり，ゲーム $\mathcal{U}^{\mu}(F)$ の s から始まる**甲**の必勝戦略 T が存在する. このとき，

(†) $s \notin \mathrm{LFP}(F)$

を仮定して（この仮定が最後に否定される），T における s の孫（つまり子の子）s' が存在して $s' \notin \mathrm{LFP}(F)$ となることを，以下のように示す．

必勝戦略 T の中には s にただ一つの子（これを X とする）が存在し，ゲームのルールから

(‡) $s \in F(X)$

である．ここでもし $X \subseteq \mathrm{LFP}(F)$ だとすると F の単調性と不動点の性質により $F(X) \subseteq \mathrm{LFP}(F)$ となるが，これは (†) と (‡) に反する．したがって，$X \not\subseteq \mathrm{LFP}(F)$，すなわちある $s' \in X$ が存在して $s' \notin \mathrm{LFP}(F)$ となっている．ゲームと必勝戦略の定義から，この s' は T の中の X の子として存在する．

これと同じ議論を繰り返すと，「s' の孫 s'' が存在して $s'' \notin \mathrm{LFP}(F)$」，「$s''$ の孫 s''' が存在して $s''' \notin \mathrm{LFP}(F)$」，... と無限に続けることができ，甲の必勝戦略 T の中に無限プレイが存在してしまうが，それは定義に反する．したがって，仮定 (†) が否定される．

【$\mathrm{LFP}(F) \subseteq \mathrm{Win}(\mathcal{U}^\mu(F), \text{甲})$ の証明】まず $W = \mathrm{Win}(\mathcal{U}^\mu(F), \text{甲})$ として，W が F の前不動点であること，つまり $F(W) \subseteq W$ を以下のように示す．

$F(W)$ が空ならば自明．$F(W)$ が空でないとき，$F(W)$ の任意の要素 x が W に入ること，すなわちゲーム $\mathcal{U}^\mu(F)$ の x から始まる甲の必勝戦略の存在を示す．それは次のとおりである：x を根とし，それに一つの子 W を付け加え，この W の子として W の各要素から始まる必勝戦略を付け加える（W の定義から W のすべての要素は必勝局面である）．

以上のことと定理 4.1.3 から $\mathrm{LFP}(F) \subseteq W$ となる．

【$\mathrm{GFP}(F) \supseteq \mathrm{Win}(\mathcal{U}^\nu(F), \text{甲})$ の証明】上と同様に，$W = \mathrm{Win}(\mathcal{U}^\nu(F), \text{甲})$ として W が F の後不動点であることを示せばよい．したがって，以下のように $W \subseteq F(W)$ を示す．

s を W の任意の要素とする．ゲーム $\mathcal{U}^\nu(F)$ の s を根とする甲の必勝戦略 T があり，その s の子を A とすると $A \subseteq W$ となる．なぜなら，A の任意の要素 a は T 中で A の子であり，a を根とする部分木が必勝戦略になっているからである．したがって，F の単調性から $F(A) \subseteq F(W)$ となる．ところで，A は T 中で s の子なので $s \in F(A)$ である．以上を合わせて $s \in F(W)$ が得られる．

【$\mathrm{GFP}(F) \subseteq \mathrm{Win}(\mathcal{U}^\nu(F), $ **甲**$)$ の証明】$s \in \mathrm{GFP}(F)$ として，ゲーム $\mathcal{U}^\nu(F)$ の s から始まる**甲**の必勝戦略が存在することを示す．その戦略は「常に $\mathrm{GFP}(F)$ を選択する」である．なぜなら $\mathrm{GFP}(F) = F(\mathrm{GFP}(F))$ なので，**乙**が $\mathrm{GFP}(F)$ のどんな要素 x を選択しても，$x \in F(\mathrm{GFP}(F))$ となり，ルールを満たすからである．この戦略ではすべてのプレイが無限プレイで**甲**の勝利である． ■

この結果を用いて本節の目標である定理 4.7.3 を証明する．

定理 4.7.3 ［ゲーム意味論の妥当性］（本節の記法にて再掲） 任意の論理式 ξ，任意の様相ミューモデル $M = \langle S, \rightsquigarrow, V \rangle$，任意の状態 s に対して，次の 2 条件は同値である．

(1) $s \in [\![\xi]\!]^M$.

(2) $(\xi, s) \in \mathrm{Win}(\mathcal{E}(\xi, M, s), \text{肯定者})$.

［証明］ ξ の構成に関する帰納法による．

【ξ が $p, \neg p, \top, \bot$ のとき】定義から明らか．

【ξ が $\alpha \wedge \beta$ のとき】以下のように示される．

【(1) ⇒ (2)】$s \in [\![\alpha \wedge \beta]\!]^M$ とすると $s \in [\![\alpha]\!]^M$ かつ $s \in [\![\beta]\!]^M$ であり，帰納法の仮定によって $\mathcal{E}(\alpha, M, s)$ の肯定者の必勝戦略 T_α と $\mathcal{E}(\beta, M, s)$ の肯定者の必勝戦略 T_β がある．すると，根 $(\alpha \wedge \beta, s)$ に二つの子 T_α, T_β を付けたものは $\mathcal{E}(\alpha \wedge \beta, M, s)$ の肯定者の必勝戦略になる．

【(2) ⇒ (1)】$\mathcal{E}(\alpha \wedge \beta, M, s)$ の肯定者の必勝戦略があれば，根から出る二つの子がそれぞれ $\mathcal{E}(\alpha, M, s)$ と $\mathcal{E}(\beta, M, s)$ の肯定者の必勝戦略になっているので，帰納法の仮定から $s \in [\![\alpha]\!]^M$ かつ $s \in [\![\beta]\!]^M$ が得られる．

【ξ が $\alpha \vee \beta$ のとき】ξ が $\alpha \wedge \beta$ のときと同様．

【ξ が $\Box\alpha$ のとき】以下のように示される．

【(1) ⇒ (2)】$s \in [\![\Box\alpha]\!]^M$ とすると $s \rightsquigarrow t$ なる任意の t について $t \in [\![\alpha]\!]^M$ であり，帰納法の仮定によって $\mathcal{E}(\alpha, M, t)$ の肯定者の必勝戦略がある．それらすべてを根 $(\Box\alpha, s)$ に子として付ければ，$\mathcal{E}(\Box\alpha, M, s)$ の肯定者の必勝戦略となる．

【(2) ⇒ (1)】$\mathcal{E}(\Box\alpha, M, s)$ の肯定者の必勝戦略があれば，根の子はそれぞれ $s \rightsquigarrow t$ なる各 t についての $\mathcal{E}(\alpha, M, t)$ の肯定者の必勝戦略であり，帰納法の仮定によって $t \in [\![\alpha]\!]^M$ である．したがって，$s \in [\![\Box\alpha]\!]^M$ となる．

【ξ が $\Diamond\alpha$ のとき】ξ が $\Box\alpha$ のときと同様.

【ξ が $\eta x.\alpha$ のとき】$\mathfrak{P}(S)$ 上の関数 $\lambda X.(\llbracket\alpha\rrbracket^{M\{x:=X\}})$ のことを α_x^M と表記すると，$\llbracket\eta x.\alpha\rrbracket^M$ は α_x^M の最小／最大不動点である．したがって，任意の状態 s に対して次を示せば，定理 4.9.3 と合わせることで題意が示される．

$$s \in \mathrm{Win}(\mathcal{U}^\eta(\alpha_x^M), \text{甲}) \iff (\eta x.\alpha, s) \in \mathrm{Win}(\mathcal{E}(\eta x.\alpha, M, s), \text{肯定者}) \qquad (4.7)$$

つまり，$T_\mathcal{U}$ を「展開ゲーム $\mathcal{U}^\eta(\alpha_x^M)$ の s を根とする甲の必勝戦略」，$T_\mathcal{E}$ を「評価ゲーム $\mathcal{E}(\eta x.\alpha, M, s)$ の $(\eta x.\alpha, s)$ を根とする肯定者の必勝戦略」として，$T_\mathcal{U}$ から $T_\mathcal{E}$ を作れることと $T_\mathcal{E}$ から $T_\mathcal{U}$ を作れることを示していく．これら二つの必勝戦略を図示すると図 4.6 と図 4.7 のようになっているので，以下の証明ではこれらの図を参照してほしい（それぞれ左端が木の根である）．

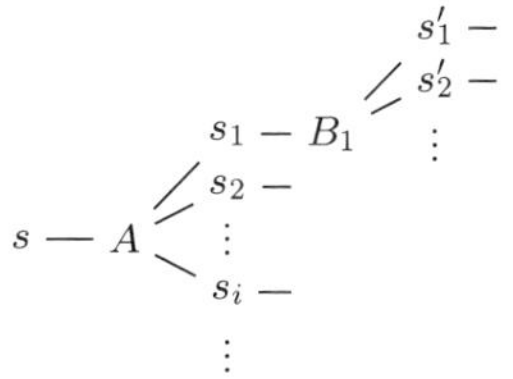

図 4.6　$\mathcal{U}^\eta(\alpha_x^M)$ の甲の必勝戦略 $T_\mathcal{U}$

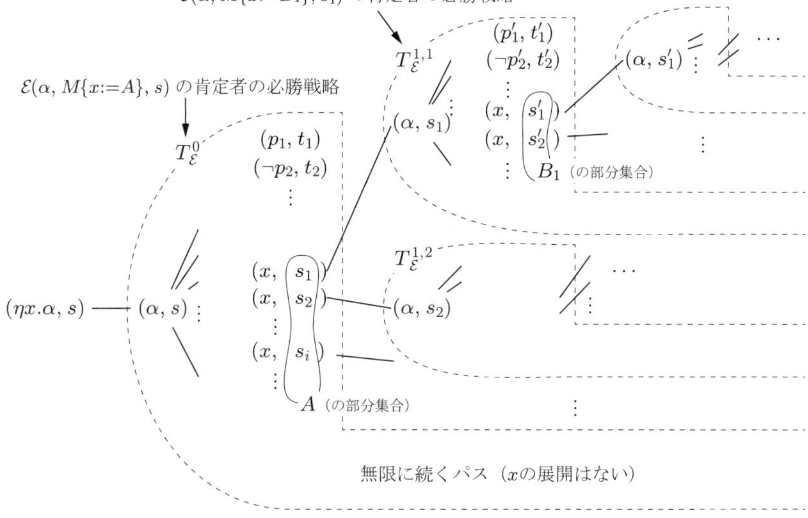

図 4.7　$\mathcal{E}(\eta x.\alpha, M, s)$ の肯定者の必勝戦略 $T_\mathcal{E}$

はじめに $\alpha_x^M(X) = [\![\alpha]\!]^{M\{x:=X\}}$ であることと帰納法の仮定から，任意の $t \in S$ と任意の $X \subseteq S$ に対して次が成り立つことに注意する．

$$t \in \alpha_x^M(X) \iff (\alpha, t) \in \mathrm{Win}(\mathcal{E}(\alpha, M\{x:=X\}, t), \text{肯定者}) \tag{4.8}$$

これを用いて目標の (4.7) を示していく．

【(4.7) の ($\Leftarrow$) の証明】$T_{\mathcal{E}}$ があるとする．$T_{\mathcal{E}}$ のノードのうち論理式部分が命題変数 x であるノードを「x ノード」とよぶ．そして $T_{\mathcal{E}}$ の各ノードに対して，根からそのノードの直前に至るパス上の x ノードの出現数を「x 展開回数」とよぶ．これから求める $T_{\mathcal{U}}$ を，以下のように根から順に構成していく．

- まず根 s だけからなる木を $T_{\mathcal{U}}$ とする．
- 次に $T_{\mathcal{E}}$ の根 $(\eta x.\alpha, s)$ を取り除き，x 展開回数が 1 以上のノードもすべて取り除いて残った木を $T_{\mathcal{E}}^0$ とよぶ．そして $A = \{s \in S \mid (x, s)$ は $T_{\mathcal{E}}^0$ 中の x ノード $\}$ とすると，$T_{\mathcal{E}}^0$ が評価ゲーム $\mathcal{E}(\alpha, M\{x:=A\}, s)$ の肯定者の必勝戦略になっていることが簡単に確認できる．したがって，帰納法の仮定 (4.8) から $s \in \alpha_x^M(A)$ となる．そこで構成中の $T_{\mathcal{U}}$ の根 s の子としてノード A を付け加える．
- A の子としては A のすべての要素 $s_1, s_2, \ldots$ を付け加える．したがって，A が空集合の場合はこれで構成は終了である．空集合でない場合は，すべての s_i に対してそれぞれ子を次のように構成していく．

  s_i に対して $T_{\mathcal{E}}^0$ の葉 (x, s_i) が必ずあり，この葉には $T_{\mathcal{E}}$ における子 (α, s_i) がある．このノード (α, s_i) の x 展開回数は 1 である．このとき (α, s_i) を根として，x 展開回数が 1 であるノードだけを集めた木（$T_{\mathcal{E}}$ の部分木）を $T_{\mathcal{E}}^{1,i}$ とよぶ（同一の s_i に対する葉 (x, s_i) が複数あった場合はその中のどれを用いてもよい）．そして $B_i = \{s \in S \mid s$ は $T_{\mathcal{E}}^{1,i}$ 中の x ノード $\}$ とすると，先ほどと同様に $T_{\mathcal{E}}^{1,i}$ は評価ゲーム $\mathcal{E}(\alpha, M\{x:=B_i\}, s_i)$ の肯定者の必勝戦略になっていて，(4.8) から $s_i \in \alpha_x^M(B_i)$ である．そこで構成中の $T_{\mathcal{U}}$ のノード s_i の子としてノード B_i を付け加える．

- 以下同様に繰り返す．

こうして構成される $T_{\mathcal{U}}$ が展開ゲーム $\mathcal{U}^\eta(\alpha_x^M)$ の**甲**の必勝戦略であることを確認する．各ノードが**甲**の必勝戦略としての所定の条件を満たしていることは作り方から明らかである．$T_{\mathcal{U}}$ の任意の有限パスの終端は作り方から**乙**の手番の空集合というノードのはずで，これは**甲**の勝利プレイである．もし $T_{\mathcal{U}}$ に無限パス $s - A - s_i - B_i - s'_j - B'_j - \cdots$ があるならば，これに対応して $T_{\mathcal{E}}$ の中に $(\eta x.\alpha, s) - (\alpha, s) - \cdots - (x, s_i) - (\alpha, s_i) - \cdots - (x, s'_j) - (\alpha, s'_j) - \cdots$ という無限パスがあるので，$T_{\mathcal{E}}$ が $\mathcal{E}(\eta x.\alpha, M, x)$ の肯定者の必勝戦略であることの定義から $\eta = \nu$ であり，したがって $T_{\mathcal{U}}$ に無限パスがあってもこれは**甲**の勝利プレイである．

【(4.7) の $(\Rightarrow)$ の証明】$T_{\mathcal{U}}$ があるとする．これから求める $T_{\mathcal{E}}$ を以下のように構成していく．

- まず根 $(\eta x.\alpha, s)$ だけからなる木を $T_{\mathcal{E}}$ とする．
- $T_{\mathcal{U}}$ の根 s には必ず一つの子があり（**甲**の必勝戦略なので），それを A とすると，$s \in \alpha_x^M(A)$ なので，帰納法の仮定 (4.8) によって $(\alpha, s) \in \mathrm{Win}(\mathcal{E}(\alpha, M\{x{:=}A\}, s), \text{肯定者})$ となる．つまり，評価ゲーム $\mathcal{E}(\alpha, M\{x{:=}A\}, s)$ の (α, s) から始まる肯定者の必勝戦略（$T_{\mathcal{E}}^0$ とよぶ）が存在するので，これを $T_{\mathcal{E}}$ の根 $(\eta x.\alpha, s)$ に継ぎ足す．
- $T_{\mathcal{E}}$ の中の無限パスにはこれ以降何も継ぎ足さない．有限パスの終端のうち x ノード以外にも何も継ぎ足さない．$T_{\mathcal{E}}^0$ 中の x ノードを $(x, s_1), (x, s_2), \ldots$ とする．x ノードがない場合は構成終了である．x ノードがある場合は，各 i について $s_i \in A$ が成り立つ（なぜならこれは $\mathcal{E}(\alpha, M\{x{:=}A\}, s)$ の肯定者の必勝戦略の最終局面だから）．そこで，このすべての x ノード (x, s_i) に対してそれぞれ以下の処理を行う．

  $T_{\mathcal{U}}$ の中で s_i はノード A の子として出現している（$s_i \in A$ だから）．さらに s_i には必ず一つの子があり，それを B_i とすると $s_i \in \alpha_x^M(B_i)$ なので (4.8) によって $(\alpha, s_i) \in \mathrm{Win}(\mathcal{E}(\alpha, M\{x{:=}B_i\}, s_i), \text{肯定者})$ となる．つまり，評価ゲーム $\mathcal{E}(\alpha, M\{x{:=}B_i\}, s_i)$ の (α, s_i) から始まる肯定者の必勝戦略（$T_{\mathcal{E}}^{1,i}$ とよぶ）が存在するので，これを (x, s_i) に継ぎ足す．

- 以下同様に繰り返す．

こうして構成される $T_{\mathcal{E}}$ が評価ゲーム $\mathcal{E}(\eta x.\alpha, M, s)$ の肯定者の必勝戦略であることを確認する．各ノードが所定の条件を満たすことは，継ぎ足すものが肯定者の必勝戦略であることなどからいえる．すべての有限パスが肯定者の勝利プレイになっていることも簡単にいえる．以下では $T_{\mathcal{E}}$ の任意の無限パス P が肯定者の勝利プレイになっていることを確認する．$x \in \mathrm{Inf}(P)$ （つまり x が P 中で無限回展開される）の場合は，このパスは無限回の継ぎ足しで構成されたもので，必ず対応する無限パスが $T_{\mathcal{U}}$ にある．したがって，$T_{\mathcal{U}}$ が**甲**の必勝戦略であることの定義から $\eta = \nu$ であり，x は $>_{\eta x.\alpha}$ に関する最大変数だったので P は肯定者の勝利プレイである．$x \notin \mathrm{Inf}(P)$ の場合は，このパスは有限回（n 回とする）の継ぎ足しの後に $T_{\mathcal{E}}^{n,j}$ の中の無限パス（それを P' とする）が継ぎ足されたもののはずである．そして「$\mathrm{Inf}(P)$ の中の $>_{\eta x.\alpha}$ に関する最大変数」と「$\mathrm{Inf}(P')$ の中の $>_{\alpha}$ に関する最大変数」とは同じになるので，それは ν 変数であり（なぜなら P' は肯定者の必勝戦略の中の無限パスなので），P も肯定者の勝利プレイである．■

第5章 PDL

状態遷移系における状態をコンピュータの内部状態とみなし，遷移関係をプログラム実行による状態変化とみなす論理が **PDL**（propositional dynamic logic, 命題動的論理）である[¶1]．前章までの様相論理ではモデルの遷移関係は $\rightsquigarrow$ だけで，それに対応する様相記号が $\Box, \Diamond$（**CTL** では AX, EX）であったが，**PDL** では遷移関係 $\overset{\pi}{\rightsquigarrow}$ がプログラム π ごとに定まり（$\overset{\pi}{\rightsquigarrow}$ は π の実行による内部状態の遷移を表す），様相記号 $[\pi], \langle\pi\rangle$ も π ごとに用意される．そして，$[\pi]\varphi$ の意味は「プログラム π の実行が終了すれば必ず φ が成り立つ」となる．ただし，ここでプログラムとは，現実の手続き型プログラミング言語によるプログラムから反復や分岐などの重要な制御構造だけを抽出した抽象的なプログラムである．

本章では **PDL** の基本を説明する．まず 5.1 節では，**PDL** の背景にあるホーア論理，**DL**（**PDL** から propositional を外したもの）という二つの論理と，**PDL** との関係を簡単に説明する．なお，ホーア論理については次章で詳しく説明する．次に，5.2 節で **PDL** を定義し，5.3 節で真偽判定・恒真性判定の計算可能性と証明体系の健全性を示す．最後に 5.4 節と 5.5 節で，完全性と有限モデル性の詳細な証明を与える．

5.1 ホーア論理，DL，PDL

この節では

$$\text{ホーア論理} \xrightarrow{\text{拡張}} \mathbf{DL} \xrightarrow{\text{抽象化}} \mathbf{PDL}$$

という関係を簡単に説明する．

ホーア論理はプログラム検証を行うための論理としてよく知られている．詳

¶1 **PDL** および **DL** の詳細は文献 [23, 24] を参照してほしい．

細は次章で説明するが，ホーア論理では「条件 A が成り立つときにプログラム π を実行して終了すれば条件 B が成り立つ」という主張を $\{A\}\pi\{B\}$ という形式（**ホーアトリプル**とよぶ）で表記し，ホーアトリプルを公理と推論規則によって導く．たとえば，最大公約数を計算する目的でプログラム π を作ったとする．π は入力用の変数 a, b と出力用の変数 c をもつとして，仕様，つまり満たしてほしい性質は次である．

> 変数 a, b に自然数を入力して実行開始すると，実行終了時にはそれらの最大公約数が変数 c に入る．

このとき，この仕様が満たされることは，

$$\{\mathtt{a} = x \land \mathtt{b} = y\}\ \pi\ \{\mathtt{c} = \gcd(x, y)\}$$

というホーアトリプルを証明することで厳密に示される（ただし x, y は自然数を表す変数，$\gcd(x, y)$ は x と y の最大公約数）．

DL（dynamic logic，**動的論理**）はプログラム π ごとの様相記号 $[\pi]$ をもつ様相論理であり，$[\pi]\varphi$ の意味は「π の実行が終了すれば必ず φ が成り立つ」である．ホーアトリプル $\{A\}\pi\{B\}$ と同じ意味の論理式を，**DL** では $A \to [\pi]B$ と書くことができ，さらにホーアトリプルでは表現できない論理式も書くことができる．たとえば，$\neg[\pi]C$ は「π を実行して C が成り立たない状態で終了する可能性がある」の意味になるが，これはホーアトリプルでは表現できない．また，プログラムの定義が変更され，非決定的な動作を含むプログラムも扱えるようになる．すなわち，**DL** はホーア論理を拡張した論理となっている．なお，$\mathtt{c} = \gcd(x, y)$ のような表現が論理式中に登場するので，**DL** は一階述語論理の論理式を扱う．

その **DL** に対して次の二つの抽象化を施して得られるのが **PDL** である．

- 論理式のベースを述語論理から命題論理に変更する．つまり，等式・不等式（$\mathtt{c} = \gcd(x, y)$ など）は個々の具体的な意味が抜き去られて命題変数に変わり，論理式は $\neg$, $\land$, $\lor$, $\to$, $\leftrightarrow$ といった論理演算の働きだけが着目されて抽象化されたものに変わる．
- プログラム中の個々の命令（たとえば `a:=a+1` といった代入命令）から具体的な意味を抜き去り，プログラムを分岐や反復といった制御構造だけが着目されて抽象化されたものに変える．

この抽象化によって，先述の最大公約数の例のような具体的な記述ができなくなってしまう[¶2]一方で，仕様の中で論理演算で示すことができる部分はどこなのか，プログラムの働きのうち制御構造だけに依存する部分はどこなのか，といったことが正確に分析できるようになる．また，**DL** では計算不可能であった恒真性判定と充足可能性判定が，**PDL** では計算可能になるという大きな利点が生じる．なお，完全性が成り立つ証明体系が **DL** には存在しないので[¶3]，証明体系の完全性が成り立つことも抽象化によって得られる **PDL** の利点となる．

5.2 定義

有限個または可算無限個の**原子プログラム**が定まっているとする．これは論理式における命題変数のようなもので，論理式が命題変数をもとにして作られるのと同様に，プログラムは原子プログラムをもとに作られる．本章と次章では原子プログラムを $a, b, \ldots$ などで表す．

論理式とプログラムを以下で同時に再帰的に定義する．プログラムを構成する演算子として「;」「$\cup$」「*」「?」を用いる．

定義 5.2.1［論理式，プログラム］

(1) 命題変数および $\top$ と $\bot$ はそれぞれ論理式である．

(2) 原子プログラムはプログラムである．

(3) φ と ψ が論理式で π がプログラムならば，$(\neg\varphi)$, $(\varphi\wedge\psi)$, $(\varphi\vee\psi)$, $(\varphi\to\psi)$, $(\varphi\leftrightarrow\psi)$, $([\pi]\varphi)$, $(\langle\pi\rangle\varphi)$ はすべて論理式である．

(4) φ が論理式で π, π_1, π_2 がプログラムならば，$(\pi_1;\pi_2)$, $(\pi_1\cup\pi_2)$, (π^*), $(\varphi?)$ はすべてプログラムである．

以上で定義される論理式とプログラムをそれぞれ **PDL 論理式**，**PDL プログラム**とよぶ．

¶2 ただし，コンピュータの内部はビットの真理値を操作する論理回路なので，そこまで立ち入った記述をすればプログラムの働きを命題論理によって（原理的には）完全に捉えることができる．

¶3 無限個の前提をもつ推論規則を用いれば **DL** の完全な証明体系が作れるが，通常の意味での証明体系で完全性を満たすものは存在しないことが示されている（文献 [24] の 13,14 章参照）．

本章で単に論理式といったら **PDL** 論理式のこと，そしてプログラムといったら **PDL** プログラムのことである（現実のプログラムと **PDL** プログラムとの関係については 6.4 節で説明する）．φ, ψ などは論理式を表し，π, π_i などはプログラムを表す．$[\pi]$ と $\langle\pi\rangle$ はそれぞれプログラム π ごとに決まる様相記号 $\Box$ と $\Diamond$ だと思えばよい．論理式の括弧は前章までと同様に適宜省略する．プログラムでは * が ; や $\cup$ よりも結合が強いとして括弧を省略する．また，連続する ; や連続する $\cup$ の括弧は左から補う．たとえば $\pi_1;\pi_2;\pi_3^* = ((\pi_1;\pi_2);(\pi_3^*))$ である．

つづいて，論理式とプログラムの意味を説明する．

まず，プログラムの動作は非決定的であると考える．つまり，一つのプログラムを実行開始しても，その動作過程には一般に複数の可能性がある．また，動作過程には正常終了するものと，正常終了せずエラーになるものがある．それを踏まえて，プログラムの動作は直観的には次の表 5.1 のようになる．

表 5.1　プログラムの動作

プログラム	動作
$\pi_1;\pi_2$	π_1 を実行した後に π_2 を実行する．
$\pi_1\cup\pi_2$	π_1 と π_2 のどちらかを非決定的に選択して実行する．
π^*	π を 0 回以上有限回繰り返し実行する（回数は非決定的に選ぶ）．
$\varphi?$	φ が成り立つならばそのまま次へ，成り立たないならばエラー．

論理式に関しては，$\neg, \wedge$ など命題論理で使われる記号の意味は命題論理のときと同じであり，様相記号の直観的な意味は次の表 5.2 のとおりである．

表 5.2　様相記号の意味

論理式	意味
$[\pi]\varphi$	π のどんな動作過程でも，それが正常終了すれば終了時に必ず φ が成り立つ．
$\langle\pi\rangle\varphi$	π の正常終了する動作過程が存在し，その終了時に φ が成り立つ．

たとえば，論理式

$$p \to [(a;b)^*]q$$

の意味は「p が成り立っているならば，プログラム a と b を $a, b, a, b, \ldots, a, b$ というように a で始まり b で終わるように交互に何回（0 回も含む）実行しても，正常終了すれば必ず q が成り立つ」である．

以上は論理式とプログラムの意味の直観的な説明であったが，以下では正確に意味を定義する．それは遷移関係に原子プログラムのラベルが付いた「ラベル付き状態遷移系」によって定められる．

定義 5.2.2 ［ラベル付き状態遷移系，PDL モデル］ 組 $\langle S, \overset{a_1}{\rightsquigarrow}, \overset{a_2}{\rightsquigarrow}, \ldots \rangle$ を**ラベル付き状態遷移系**とよぶ．ただし，S は状態の空でない集合で，$a_1, a_2, \ldots$ は原子プログラムで，各 a_i に対して $\overset{a_i}{\rightsquigarrow}$ が S 上の二項関係である（つまり，原子プログラムごとに遷移関係が定まっているということ）．ラベル無しのときと同様に，これに付値関数 $f : \mathbf{PropVar} \times S \to \{\mathsf{true}, \mathsf{false}\}$ を追加した $\langle S, \overset{a_1}{\rightsquigarrow}, \overset{a_2}{\rightsquigarrow}, \ldots, f \rangle$ を **PDL モデル**とよぶ．

注意 5.2.3 注意 2.2.6 と同様に，もし原子プログラムが無限個あるとしても，φ の真理値だけを考えるには，φ 中に出現する原子プログラム $b_1, b_2, \ldots, b_k$ だけについて遷移関係 $\overset{b_i}{\rightsquigarrow}$ が与えられていれば十分である．このようにラベル付き状態遷移系から有限個の必要な遷移関係だけを残して他を消して考えることは，今後暗黙に適宜行われる．

PDL モデル $M = \langle S, \overset{a_1}{\rightsquigarrow}, \overset{a_2}{\rightsquigarrow}, \ldots, f \rangle$，状態 $s, t \in S$，論理式 φ，プログラム π に対して

$$M, s \models \varphi$$

$$s \overset{\pi}{\rightsquigarrow} t$$

という二つの関係を定義する．$M, s \models \varphi$ はいままでと同じく「モデル M の状態 s で論理式 φ が真」を表し，$s \overset{\pi}{\rightsquigarrow} t$ は「状態 s でプログラム π を実行して，非決定的な動作をうまく選んでいけば，状態 t で正常終了できる」を表す（π が原子プログラムのときは，この関係は **PDL** モデルで与えられている）．

定義 5.2.4 ［充足関係，遷移関係］

(1-8) $\xi = p, \top, \bot, \neg\varphi, \varphi \wedge \psi, \varphi \vee \psi, \varphi \to \psi, \varphi \leftrightarrow \psi$ のときの $M, s \models \xi$ の定義は，**K** のときの定義 2.2.7 と同じ．

(9) $M, s \models [\pi]\varphi \iff s \overset{\pi}{\rightsquigarrow} t$ となる任意の t に対して $M, t \models \varphi$.

(10) $M, s \models \langle\pi\rangle\varphi \iff s \overset{\pi}{\rightsquigarrow} t$ となる t が存在して $M, t \models \varphi$.

(11) $s \overset{\pi_1;\pi_2}{\rightsquigarrow} t \iff s \overset{\pi_1}{\rightsquigarrow} u \overset{\pi_2}{\rightsquigarrow} t$ となる u が存在する.

(12) $s \overset{\pi_1 \cup \pi_2}{\rightsquigarrow} t \iff s \overset{\pi_1}{\rightsquigarrow} t$ または $s \overset{\pi_2}{\rightsquigarrow} t$.

(13) $s \overset{\pi^*}{\rightsquigarrow} t \iff s(\overset{\pi}{\rightsquigarrow})^n t$ となる $n \geq 0$ が存在する.
ただし $(\overset{\pi}{\rightsquigarrow})^n$ は $\overset{\pi}{\rightsquigarrow}$ の n 回繰り返し（注意 2.2.9 参照）.

(14) $s \overset{\varphi?}{\rightsquigarrow} t \iff s = t$ かつ $M, s \models \varphi$.

注意 5.2.5 $[\pi]$ を $\Box$ とみなせば，$[\pi^*]$ は 2.7 節で説明した $\Box^*$ と同じ働きになる.

例 5.2.6 図 5.1 は **PDL** モデルの例である．状態は $1, 2, \ldots, 6$，命題変数 p は $1, 2, 3, 6$ で真，$4, 5$ で偽である．原子プログラム a, b による遷移関係は例 2.2.8 の記法を用いると，たとえば $1 \overset{a}{\rightsquigarrow} \{2\}$, $2 \overset{a}{\rightsquigarrow} \{3\}$, $2 \overset{b}{\rightsquigarrow} \{3, 6\}$ である．すると，たとえば $1 \overset{a \cup b}{\rightsquigarrow} \{2, 5, 6\}$, $1 \overset{(a;b)^*}{\rightsquigarrow} \{1, 3, 6\}$ であり，$1 \models [(a;b)^*]p$ が成り立つ．また，$1 \overset{b;p?}{\rightsquigarrow} \{6\}$, $1 \overset{b;(\neg p)?}{\rightsquigarrow} \{5\}$ である. ◢

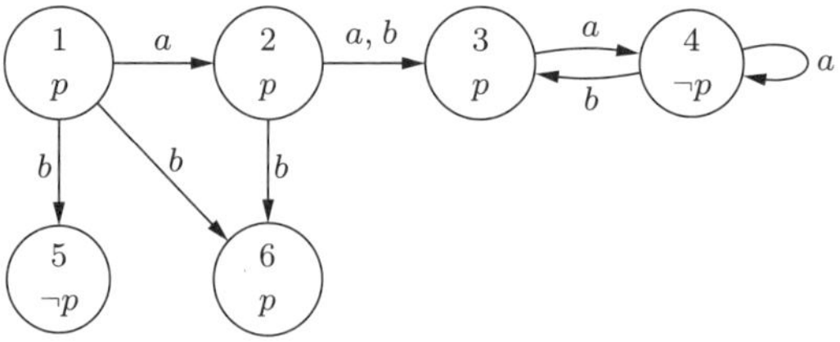

図 5.1 **PDL** モデルの例

注意 5.2.7 ? が使われていないプログラムに限定すると，プログラムとは原子プログラムから $;, \cup, ^*$ で構成される文字列であり，これは形式言語理論における基本概念である**正規表現**[¶4] と同じである（ただし形式言語理論では $\pi_1;\pi_2$ でなく，$\pi_1 \cdot \pi_2$ や $\pi_1\pi_2$ と書かれる）．そして，プログラム π を正規表現として見たときの π が表す文字列集合（原子プログラムの列の集合）を $L(\pi)$ とすると，任意の s, t, π に対して次の 2 条件が同値になる.

¶4 正規表現（正則表現ともよばれる）の一般的な基本についてはたとえば文献 [11] を参照してほしい．正規表現はコンピュータサイエンスのさまざまな場面に登場するが，とくに **PDL** やホーア論理に関わる正規表現の深い研究についてはたとえば文献 [9] を参照してほしい.

(1) $s \overset{\pi}{\rightsquigarrow} t$.

(2) 列 $(a_1 a_2 \cdots a_n) \in L(\pi)$ が存在して $s \overset{a_1}{\rightsquigarrow} \cdot \overset{a_2}{\rightsquigarrow} \cdots \overset{a_n}{\rightsquigarrow} t$.

5.3 基本性質

この節では，**PDL** の証明体系の健全性と完全性，真偽の計算可能性，恒真性の計算可能性，有限モデル性という基本性質を示す．ただし第 2 章の **K** のときと同様に，完全性と有限モデル性の証明は後回しにする．

定理 5.3.1［PDL の真偽の計算可能性］ 与えられた有限 **PDL** モデル M，状態 s，論理式 φ に対して $M, s \models \varphi$ か否かを判定する問題は計算可能である．

［証明］ **K** 論理式の真偽の計算（定理 2.5.2）と同様に，定義 5.2.4 に沿って論理式 φ をばらしながら調べていけばよい．その過程で状態 u, v とプログラム π に対して「$u \overset{\pi}{\rightsquigarrow} v$ か否か？」を判定する必要が出てくるが，これも定義 5.2.4 に沿ってプログラム π をばらしながら計算していけばよい．調べる論理式と調べるプログラムはどんどん短くなっていき，最後は命題変数や原子プログラムに至るので，有限の手間で計算可能である．なお，「$u \overset{\pi^*}{\rightsquigarrow} v$ か否か？」の判定は，まずすべての状態 x, y について「$x \overset{\pi}{\rightsquigarrow} y$ か否か？」を計算して，その結果を用いて「u から v へ $\overset{\pi}{\rightsquigarrow}$ の複数ステップで到達できるか否か？」を計算すればよい． ■

定義 5.3.2［PDL 恒真, PDL 同値］ φ が **PDL 恒真**であるとは，任意の **PDL** モデル M とその中の任意の状態 s に対して $M, s \models \varphi$ となることである．φ と ψ が **PDL 同値**であるとは，任意の **PDL** モデル M とその中の任意の状態 s に対して $M, s \models \varphi \iff M, s \models \psi$ となることである．

例 5.3.3

(1) トートロジーの形の **PDL** 論理式はすべて **PDL** 恒真である．

(2) π を任意に固定したとき，**K** 恒真な **K** 論理式の中のすべての $\Box$ と $\Diamond$ をそれぞれ $[\pi]$ と $\langle\pi\rangle$ に書き換えた論理式は **PDL** 恒真である．

(3) $[\pi_1;\pi_2]\varphi$ と $[\pi_1][\pi_2]\varphi$ は **PDL** 同値である.
(4) $[\pi_1\cup\pi_2]\varphi$ と $[\pi_1]\varphi\wedge[\pi_2]\varphi$ は **PDL** 同値である.
(5) $[\pi^*]\varphi\leftrightarrow\varphi\wedge[\pi][\pi^*]\varphi$ および $\varphi\wedge[\pi^*](\varphi\to[\pi]\varphi)\to[\pi^*]\varphi$ は共に **PDL** 恒真である（注意 5.2.5 および 2.7 節参照).
(6) $[\varphi?]\psi$ と $\varphi\to\psi$ は **PDL** 同値である. ◢

演習問題 5.3.4 上の例 5.3.3 が正しいことを示せ.

PDL の証明体系を与えるにあたっては，様相記号 $\langle\cdot\rangle$ はなくして，$\langle\pi\rangle\varphi=\neg[\pi]\neg\varphi$ という省略形と考える.

定義 5.3.5［体系 $\mathcal{H}_{\mathbf{PDL}}$］ $\mathcal{H}_{\mathbf{PDL}}$ は **PDL** 論理式を導出する体系で，以下の公理と推論規則からなる（名前に $^{\mathbf{K}}$ が付いているのは同等なものが $\mathcal{H}_{\mathbf{K}}$ に存在することを表す).

公理	トートロジーの形の **PDL** 論理式	(トートロジー公理) $^{\mathbf{K}}$
	$[\pi](\varphi\to\psi)\to([\pi]\varphi\to[\pi]\psi)$	(**K** 公理) $^{\mathbf{K}}$
	$[\pi_1;\pi_2]\varphi\leftrightarrow[\pi_1][\pi_2]\varphi$	(; 公理)
	$[\pi_1\cup\pi_2]\varphi\leftrightarrow[\pi_1]\varphi\wedge[\pi_2]\varphi$	(∪ 公理)
	$[\pi^*]\varphi\leftrightarrow\varphi\wedge[\pi][\pi^*]\varphi$	(∗ 公理)
	$\varphi\wedge[\pi^*](\varphi\to[\pi]\varphi)\to[\pi^*]\varphi$	(∗ 帰納法公理)
	$[\varphi?]\psi\leftrightarrow(\varphi\to\psi)$	(? 公理)
推論規則	$\dfrac{\varphi\to\psi\quad\varphi}{\psi}$	(分離規則) $^{\mathbf{K}}$
	$\dfrac{\varphi}{[\pi]\varphi}$	([π] 規則) $^{\mathbf{K}}$

この体系で論理式 φ が証明できることを $\mathcal{H}_{\mathbf{PDL}}\vdash\varphi$ と書く.

注意 5.3.6 ∗ 公理は $[\pi^*]\varphi\to\varphi\wedge[\pi][\pi^*]\varphi$ に弱めてもよい．つまり，このように公理を弱めた体系で $\varphi\wedge[\pi][\pi^*]\varphi\to[\pi^*]\varphi$ が証明できる.

定理 5.3.7 [$\mathcal{H}_{\mathbf{PDL}}$ の健全性・完全性] 任意の論理式 φ について，次の 2 条件は同値である．

(1) φ は **PDL** 恒真である．

(2) $\mathcal{H}_{\mathbf{PDL}} \vdash \varphi$.

[証明] 健全性 $(2 \Rightarrow 1)$ は **K** のときと同様に，$\mathcal{H}_{\mathbf{K}}$ についての演習問題 2.4.5(2)〜(4) と例 5.3.3 を使って示される．完全性 $(1 \Rightarrow 2)$ は 5.5 節で証明される． ■

定理 5.3.8 [PDL の有限モデル性] φ が **PDL** 恒真でないならば，状態数が $2^{\mathrm{Lh}(\varphi)}$ 以下のある **PDL** モデルのある状態で φ が偽になる．ただし φ の長さ $\mathrm{Lh}(\varphi)$ とは，φ 中の (,), [,], $\langle$, $\rangle$ の 6 種類の括弧記号を除いた記号の出現数である（原子プログラムや ;, $\cup$, *, ? もそれぞれ長さ 1 の記号として数える）．

[証明] 5.5 節で完全性と一緒に証明される． ■

定理 5.3.9 [PDL の恒真性の計算可能性] **PDL** の恒真性判定問題は計算可能である．

[証明] **K** のときの定理 2.5.9 と同様に，真偽の計算可能性（定理 5.3.1）と状態数計算方法付きの有限モデル性（定理 5.3.8）を用いて示される． ■

5.4 Fischer–Ladner 閉包 [詳細]

本節と次節では，$\langle\cdot\rangle$ は $\langle\pi\rangle\varphi = \neg[\pi]\neg\varphi$ という省略形とする．

K の有限モデル性に登場する値 $\mathrm{Lh}(\varphi)$ の根拠は φ の部分論理式の個数，つまり集合 $\mathrm{Sub}(\varphi)$ の要素数の上限であった．一方，**PDL** の有限モデル性における値 $\mathrm{Lh}(\varphi)$ の根拠は $\mathrm{FLC}(\varphi)$ という集合の要素数の上限である．$\mathrm{FLC}(\varphi)$ は $\mathrm{Sub}(\varphi)$ を **PDL** 用に拡張したもので，φ の **Fischer–Ladner 閉包** ¶5 とよばれる．本節では $\mathrm{FLC}(\varphi)$ を定義して，その要素数が $\mathrm{Lh}(\varphi)$ 以下であることを示す．

¶5 文献 [22] に由来する．

定義 5.4.1 ［Fischer–Ladner 性，Fischer–Ladner 閉包，FLC］
論理式集合 X が以下の条件をすべて満たすことを X は **Fischer–Ladner 性**をもつという．

(1) $\neg\varphi \in X$ ならば $\varphi \in X$ である．$\varphi \bullet \psi \in X$ ならば $\varphi, \psi \in X$ である（ただし $\bullet \in \{\wedge, \vee, \to, \leftrightarrow\}$）．
(2) $[\pi]\varphi \in X$ ならば $\varphi \in X$ である．
(3) $[\pi_1;\pi_2]\varphi \in X$ ならば $[\pi_1][\pi_2]\varphi \in X$ （さらに (2) から $[\pi_2]\varphi, \varphi \in X$）である．
(4) $[\pi_1 \cup \pi_2]\varphi \in X$ ならば $[\pi_1]\varphi, [\pi_2]\varphi \in X$ （さらに (2) から $\varphi \in X$）である．
(5) $[\pi^*]\varphi \in X$ ならば $[\pi][\pi^*]\varphi \in X$（さらに (2) から $\varphi \in X$）である．
(6) $[\varphi?]\psi \in X$ ならば $\varphi \in X$（さらに (2) から $\psi \in X$）である．

ξ を含み Fischer–Ladner 性をもつ集合のうち，包含関係に関して最小の集合を ξ の **Fischer–Ladner 閉包**とよび，これを $\mathrm{FLC}(\xi)$ と表記する．

以下では，ξ から $\mathrm{FLC}(\xi)$ を作るアルゴリズムを与える．それは $X = \{\xi\}$ から始めて上記の定義に則して X に論理式を加えていくというものである．ただし，$[\pi^*]\varphi \in X$ のとき $[\pi][\pi^*]\varphi$ を X に追加すると，後でこれがばらされてふたたび $[\pi^*]\varphi$ が登場する．また，$[\pi_1 \cup \pi_2]\varphi \in X$ のときに $[\pi_1]\varphi$ と $[\pi_2]\varphi$ を X に追加すると，後でこれらがばらされてそれぞれから φ が登場して重複が生じる．このように同じ論理式が重複して登場する場合は，そのうちの一つだけに対して操作をする．

このアルゴリズムを記述するために，本節だけの約束として論理式の左上に「処理済み」を意味する印として $^{\checkmark}$ を付けたものも論理式として扱い，この印の有無で論理式を区別する．たとえば $[a][b]p$, $[a]^{\checkmark}[b]p$, $^{\checkmark}[a][b]p$, $^{\checkmark}[a]^{\checkmark}[b]p$ の四つは互いに異なる論理式である．$^{\checkmark}$ が冒頭に付いている論理式のことを「$\checkmark$ 論理式」とよぶ．上の例では 3 番目と 4 番目だけが $\checkmark$ 論理式である（2 番目は部分論理式に $^{\checkmark}$ が付いているが全体は $\checkmark$ 論理式でない）．このような論理式・プログラムのすべての集合を Λ と書く．

$\lambda \in \Lambda$ に対してその長さ $\mathrm{Lh}(\lambda)$ とは，λ 中の $\checkmark$ 部分論理式を消去し，さらに

(,), [,] の 4 種類の括弧記号を消去して残った記号の出現数である（⟨, ⟩ は本節では使用しない）．これは正確には次で定義される．

定義 5.4.2 ［Lh］ λ が ✓ 論理式ならば $\mathrm{Lh}(\lambda) = 0$ とする．λ が ✓ 論理式でない場合は以下で定める．

- λ が命題変数，$\top$, $\bot$, または原子プログラムならば，$\mathrm{Lh}(\lambda) = 1$.
- $\lambda = [\pi]\varphi$ ならば，$\mathrm{Lh}(\lambda) = \mathrm{Lh}(\pi) + \mathrm{Lh}(\varphi)$.
- $\lambda = \neg\lambda_1$ または λ_1^* または $\lambda_1?$ ならば，$\mathrm{Lh}(\lambda) = \mathrm{Lh}(\lambda_1) + 1$.
- $\lambda = \lambda_1 \bullet \lambda_2$ で $\bullet \in \{\wedge, \vee, \to, \leftrightarrow, ;, \cup\}$ ならば，$\mathrm{Lh}(\lambda) = \mathrm{Lh}(\lambda_1) + \mathrm{Lh}(\lambda_2) + 1$.

さて，$\mathrm{FLC}(\xi)$ は ξ を根とした木を生成することで得られる．その生成手続きは Λ の要素をノードとする木の枝を伸ばしていく手続きであり，以下で定義される．

定義 5.4.3 ［Fischer–Ladner 木］ 論理式 ξ を根として下記の手続きを可能な限り適用して枝を伸ばして生成される木を，ξ の **Fischer–Ladner 木**とよぶ．ただし，各ノードは論理式であり，✓ 論理式のノードのことを「✓ ノード」とよび，それ以外のノードを「非 ✓ ノード」とよぶ．

(0) ✓ ノードである葉に対しては何もしない．

以下の (1)〜(6) は葉が非 ✓ ノードの場合である．

(1) 葉 $\neg\varphi$ に子 φ を付け加える．葉 $\varphi \bullet \psi$ に二つの子 φ と ψ を付け加える．ただし $\bullet \in \{\wedge, \vee, \to, \leftrightarrow\}$.

(2) 葉 $[a]\varphi$ に子 φ を付け加える．ただし a は原子プログラム．

(3) 葉 $[\pi_1;\pi_2]\varphi$ に子 $[\pi_1][\pi_2]\varphi$ を付け加える．

(4) 葉 $[\pi_1 \cup \pi_2]\varphi$ に二つの子 $[\pi_1]\varphi$ と $[\pi_2]^{\checkmark}\varphi$ を付け加える．ただし φ が ✓ 論理式の場合は ${}^{\checkmark}\varphi$ は φ と同じもの（✓ が冒頭に一つ付いた式のまま）を表す．

(5) 葉 $[\pi^*]\varphi$ に二つの子 $[\pi]^{\checkmark}[\pi^*]\varphi$ と φ を付け加える．

(6) 葉 $[\varphi?]\psi$ に二つの子 φ と ψ を付け加える．

例 5.4.4 図 5.2 は $[(a;(b\cup c)^*)^*][(p\wedge q)?]r$ の Fischer–Ladner 木である（根が上，葉が下）．この論理式の長さは 12 で，この木の中の非 ✓ ノードの個数も 12 である（補題 5.4.6 参照）． ◢

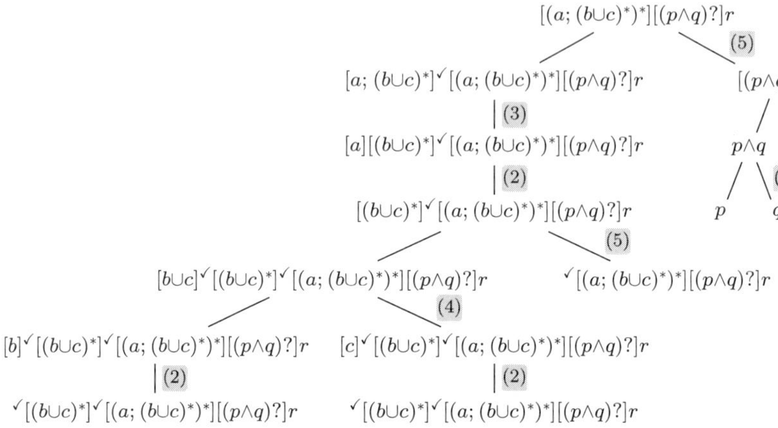

図 5.2 Fischer–Ladner 木の例

注意 5.4.5 Fischer–Ladner 木の生成手続きの (1)〜(6) は Fischer–Ladner 閉包の定義 5.4.1 の (1)〜(6) に対応しているが，(2) だけは「a が原子プログラム」という条件付きに変わっている．(2) がこの形になっているおかげで葉ノードの形からそれに対する処理が一意に定まり，したがってこの手続きで作成される木は（枝の左右入れ替えを同一視すれば）一意に定まる．なお，✓ を発生させるのは (4) と (5) だが，いずれも角括弧 [ ] の内部には ✓ を発生させない．

補題 5.4.6 T を Fischer–Ladner 木とする．T 中の任意のノード φ に対して，そこを根とする部分木の中の非 ✓ ノードの個数は $\mathrm{Lh}(\varphi)$ に等しい．

［証明］ T 中の φ を根とする部分木を $T(\varphi)$ とよび，$T(\varphi)$ の中の非 ✓ ノードの個数を $t(\varphi)$ と表記する．$t(\varphi)=\mathrm{Lh}(\varphi)$ であることを $\mathrm{Lh}(\varphi)$ に関する帰納法で示す．φ が ✓ ノードならば $T(\varphi)$ は根 φ だけの木であり，$t(\varphi)=0=\mathrm{Lh}(\varphi)$ となる．φ が非 ✓ ノードで $[\pi_1\cup\pi_2]\psi$ の場合は，$T(\varphi)$ は根に二つの木 $T([\pi_1]\psi)$ と $T([\pi_2]^{\checkmark}\psi)$ がつながったものであり，$t(\varphi)=1+t([\pi_1]\psi)+t([\pi_2]^{\checkmark}\psi)\overset{\text{帰納法の仮定}}{=}1+\mathrm{Lh}([\pi_1]\psi)+\mathrm{Lh}([\pi_2]^{\checkmark}\psi)=$

$1+\mathrm{Lh}(\pi_1)+\mathrm{Lh}(\psi)+\mathrm{Lh}(\pi_2)=\mathrm{Lh}([\pi_1\cup\pi_2]\psi)=\mathrm{Lh}(\varphi)$ となる．他の場合も同様に示すことができる．■

補題 5.4.7　一般に論理式 φ 中のすべての $^{\checkmark}$ を消去して得られる論理式を φ^- と書くことにする．ξ は ✓ を含まない論理式とし，T を ξ の Fischer–Ladner 木とする．$X=\{\varphi^- \mid \varphi$ は T の非 ✓ ノード$\}$ とすると $X=\mathrm{FLC}(\xi)$ である．

［証明］　まず次の二つの性質を示す．

(I) α は T の任意の非 ✓ ノードとする．もし α が $[\pi]\varphi$ という形ならば φ がノードとして T の中に存在する（注意：φ は ✓ 論理式かもしれない）．

(II) α は T の任意のノードとする．もし α の一部分または全体が $^{\checkmark}\varphi$ という形をしているならば（ただし φ は非 ✓ 論理式），φ がノードとして T の中に存在する．

(I) は $\mathrm{Lh}(\pi)$ に関する帰納法により，(II) は T の根から α までの距離に関する帰納法により，それぞれ証明できる．そして，これらを用いれば，X が ξ の Fischer–Ladner 閉包であることが簡単に示される（詳細は演習問題 5.4.8）．■

演習問題 5.4.8　上の証明中の (I) と (II) を示し，それを用いて X が ξ の Fischer–Ladner 閉包であることを示せ．

補題 5.4.6 と 5.4.7 から次がいえる．

定理 5.4.9　$\mathrm{FLC}(\xi)$ の要素数は $\mathrm{Lh}(\xi)$ 以下である．

5.5　完全性と有限モデル性の証明 ［詳細］

本節では，$\mathcal{H}_{\mathbf{PDL}}$ の完全性と **PDL** の有限モデル性の証明を与える．この証明方法はいくつか知られているが，ここでは文献 [26] の方針で行う [¶6]．

本節の議論は 2.8 節を拡張する形で行う．2.8 節で説明したトートロジー規則 (taut) や同値変形規則は，そのまま使用可能なので暗黙に使用する．ただし，同値変形規則

¶6　文献 [26] の **PDL** は「?」を含んでいないので，本書では「?」のために証明を再構成した．なお，**PDL** の完全性の他の証明方法はたとえば文献 [23, 24] にある．

$$\frac{\varphi\{p{:=}\alpha\} \quad \alpha \leftrightarrow \beta}{\varphi\{p{:=}\beta\}}$$

については，命題変数 p は φ 中でプログラムの内部には現れないとする¶7．それ以外に次の規則も基本的な道具になる．

$$\frac{\varphi \vee [\pi]\psi_1 \quad \psi_1 \to \psi_2}{\varphi \vee [\pi]\psi_2}\ (\text{内部含意})$$

$$\frac{\varphi \vee [\pi]\psi_1 \quad \varphi \vee [\pi]\psi_2}{\varphi \vee [\pi](\psi_1 \wedge \psi_2)}\ (\text{内部}\wedge)$$

演習問題 5.5.1 上記の二つの規則が $\mathcal{H}_{\mathbf{PDL}}$ で使用可能であること，つまり規則の前提から結論が $\mathcal{H}_{\mathbf{PDL}}$ で導出できることを示せ（これらの規則は，$[\pi]$ を $\Box$ に読み替えれば，$\mathcal{H}_{\mathbf{K}}$ でも使用可能である）．

2.8節と同様に，この節でもシークエントを扱う．シークエントの証明可能性や，シークエントが論理式集合の分割であるという概念も，2.8節と同様に定義する．シークエントを含んだ推論規則として，次も使用する．

$$\frac{\varphi \vee [\pi]\langle\!\langle \Gamma \Rightarrow \Delta \rangle\!\rangle}{\varphi \vee [\pi]\langle\!\langle \Gamma' \Rightarrow \Delta' \rangle\!\rangle}\ (\text{内部水増})\quad \text{ただし } \Gamma \subseteq \Gamma' \text{ かつ } \Delta \subseteq \Delta'$$

$$\frac{\varphi \vee [\pi]\langle\!\langle \Gamma \Rightarrow \Delta, \psi \rangle\!\rangle \quad \varphi \vee [\pi]\langle\!\langle \psi, \Gamma \Rightarrow \Delta \rangle\!\rangle}{\varphi \vee [\pi]\langle\!\langle \Gamma \Rightarrow \Delta \rangle\!\rangle}\ (\text{内部カット})$$

これらが $\mathcal{H}_{\mathbf{PDL}}$ で使用可能であることは，内部含意規則や内部 $\wedge$ 規則から簡単にわかる．

補題 5.5.2 Λ を論理式の任意の有限集合とする．$\mathcal{H}_{\mathbf{PDL}} \nvdash \varphi \vee [\pi]\langle\!\langle \Rightarrow \psi \rangle\!\rangle$ ならば Λ の $\mathcal{H}_{\mathbf{PDL}}$ 証明不可能な分割 $\Gamma \Rightarrow \Delta$ が存在して $\mathcal{H}_{\mathbf{PDL}} \nvdash \varphi \vee [\pi]\langle\!\langle \Gamma \Rightarrow \Delta, \psi \rangle\!\rangle$ となる．

［証明］ $\mathcal{H}_{\mathbf{PDL}} \nvdash \varphi \vee [\pi]\langle\!\langle \Gamma \Rightarrow \Delta, \psi \rangle\!\rangle$ となる Γ, Δ の存在は，演習問題 2.8.12 を用いて補題 2.8.14 を示したのと同様な議論によって，$\mathcal{H}_{\mathbf{PDL}} \nvdash \varphi \vee [\pi]\langle\!\langle \Rightarrow \psi \rangle\!\rangle$ と内部カット規則を用いて示すことができる．それが $\mathcal{H}_{\mathbf{PDL}} \nvdash (\Gamma \Rightarrow \Delta)$ であることも簡単にわ

¶7 以後の議論ではこの形だけあれば十分であるし，これならば定理 2.8.4 の証明がそのまま通用するため．

かる（$\langle\!| \Gamma \Rightarrow \Delta |\!\rangle$ から $[\pi]$ 規則などで $\varphi \vee [\pi]\langle\!| \Gamma \Rightarrow \Delta, \psi |\!\rangle$ が導けるため）．■

2.8 節では $\mathrm{Sub}(\xi)$ の $\mathcal{H}_{\mathbf{K}}$ 証明不可能な分割を用いてモデルを作ったが，ここでは $\mathrm{FLC}(\xi)$ の $\mathcal{H}_{\mathbf{PDL}}$ 証明不可能な分割を用いる．すなわち，まず $\mathcal{H}_{\mathbf{PDL}} \not\vdash \xi$ を固定する．この ξ に対して，次のように **PDL** モデル $M = \langle S, \overset{a_1}{\rightsquigarrow}, \overset{a_2}{\rightsquigarrow}, \ldots, f \rangle$ を定める．

$$S = \{(\Gamma \Rightarrow \Delta) \mid \Gamma \Rightarrow \Delta \text{ は } \mathrm{FLC}(\xi) \text{ の } \mathcal{H}_{\mathbf{PDL}} \text{ 証明不可能な分割}\}.$$
$$(\Gamma \Rightarrow \Delta) \overset{a_i}{\rightsquigarrow} (\Pi \Rightarrow \Sigma) \iff \mathcal{H}_{\mathbf{PDL}} \not\vdash \langle\!| \Gamma \Rightarrow \Delta |\!\rangle \vee [a_i]\langle\!| \Pi \Rightarrow \Sigma |\!\rangle.$$
$$f(p, (\Gamma \Rightarrow \Delta)) = \mathsf{true} \iff p \in \Gamma.$$

注意 5.5.3 上記の遷移関係の定義は 2.8 節で用いた定義と異なっている．この定義が完全性の証明の重要なポイントである．

補題 5.5.4 上記の S の要素を列挙して $S = \{(\Gamma_1 \Rightarrow \Delta_1), (\Gamma_2 \Rightarrow \Delta_2), \ldots, (\Gamma_k \Rightarrow \Delta_k)\}$ とする（$i \neq j$ ならば $(\Gamma_i \Rightarrow \Delta_i) \neq (\Gamma_j \Rightarrow \Delta_j)$ である）．すると，次が成り立つ．

(1) $i \neq j$ ならば $\mathcal{H}_{\mathbf{PDL}} \vdash \neg\langle\!| \Gamma_i \Rightarrow \Delta_i |\!\rangle \to \langle\!| \Gamma_j \Rightarrow \Delta_j |\!\rangle$.

(2) $\mathcal{H}_{\mathbf{PDL}} \vdash \neg\langle\!| \Gamma_1 \Rightarrow \Delta_1 |\!\rangle \vee \neg\langle\!| \Gamma_2 \Rightarrow \Delta_2 |\!\rangle \vee \cdots \vee \neg\langle\!| \Gamma_k \Rightarrow \Delta_k |\!\rangle$.

［証明］ (1) $i \neq j$ ならば，ある φ があって $\varphi \in \Gamma_i \cap \Delta_j$ または $\varphi \in \Delta_i \cap \Gamma_j$ となっており，いずれにしても $\neg\langle\!| \Gamma_i \Rightarrow \Delta_i |\!\rangle \to \langle\!| \Gamma_j \Rightarrow \Delta_j |\!\rangle$ はトートロジーの形になる．

(2) $(\Gamma_1 \Rightarrow \Delta_1), (\Gamma_2 \Rightarrow \Delta_2), \ldots, (\Gamma_k \Rightarrow \Delta_k), (\Gamma_{k+1} \Rightarrow \Delta_{k+1}), \ldots, (\Gamma_K \Rightarrow \Delta_K)$ が $\mathrm{FLC}(\xi)$ のすべての分割であるとする（ここで $K = 2^{|\mathrm{FLC}(\xi)|}$）．すると，$\neg\langle\!| \Gamma_1 \Rightarrow \Delta_1 |\!\rangle \vee \neg\langle\!| \Gamma_2 \Rightarrow \Delta_2 |\!\rangle \vee \cdots \vee \neg\langle\!| \Gamma_K \Rightarrow \Delta_K |\!\rangle$ はトートロジーの形になっており，$\mathcal{H}_{\mathbf{PDL}}$ で証明できる．ところで，S の定義から $(\Gamma_{k+1} \Rightarrow \Delta_{k+1}), \ldots, (\Gamma_K \Rightarrow \Delta_K)$ はすべて $\mathcal{H}_{\mathbf{PDL}}$ で証明できるシークエントである．これらから題意が示される．■

次の補題が $\mathcal{H}_{\mathbf{PDL}}$ の完全性の核心部分である．**PDL** では論理式とプログラムが相互再帰的に定義されているので，この補題の文面もそれに合わせて **K** のときの補題 2.8.15 の証明中の (♡) にプログラムに関する議論を追加したものになっている．

補題 5.5.5 M は上記のモデルで，λ は $\lambda \in \mathrm{FLC}(\xi)$ を満たす論理式か，ある論理式 ψ について $[\lambda]\psi \in \mathrm{FLC}(\xi)$ を満たすプログラムで，$\Gamma \Rightarrow \Delta$ と $\Pi \Rightarrow \Sigma$

は S の要素であるとする．このとき，次の四つが成り立つ（(I) と (II) の λ は論理式，(III) と (IV) の λ はプログラムである）．

(I) $\lambda \in \Gamma$ ならば $M, (\Gamma \Rightarrow \Delta) \models \lambda$ である．

(II) $\lambda \in \Delta$ ならば $M, (\Gamma \Rightarrow \Delta) \not\models \lambda$ である．

(III) $[\lambda]\varphi \in \Gamma$ かつ $(\Gamma \Rightarrow \Delta) \overset{\lambda}{\rightsquigarrow} (\Pi \Rightarrow \Sigma)$ ならば，$\varphi \in \Pi$ である．

(IV) $\mathcal{H}_{\mathbf{PDL}} \nvdash \langle\!| \Gamma \Rightarrow \Delta |\!\rangle \vee [\lambda]\langle\!| \Pi \Rightarrow \Sigma |\!\rangle$ ならば $(\Gamma \Rightarrow \Delta) \overset{\lambda}{\rightsquigarrow} (\Pi \Rightarrow \Sigma)$ である．

［証明］ λ の構成に関する帰納法で示す．

【(I) の証明】 λ が $[\pi]\varphi$ という形以外の論理式の場合は，**K** のときの補題 2.8.15 の証明と同じである．$\lambda = [\pi]\varphi$ のときは，$[\pi]\varphi \in \Gamma$ と $(\Gamma \Rightarrow \Delta) \overset{\pi}{\rightsquigarrow} (\Pi \Rightarrow \Sigma)$ を仮定して $(\Pi \Rightarrow \Sigma) \models \varphi$ を示す（$\varphi \in \mathrm{FLC}(\xi)$ であることに注意する）．これには，π に対する帰納法の仮定 (III) を用いて $\varphi \in \Pi$ を得て，次に φ に対する帰納法の仮定 (I) を用いればよい．

【(II) の証明】 λ が $[\pi]\varphi$ という形以外の論理式の場合は，**K** のときの補題 2.8.15 の証明と同じである．$\lambda = [\pi]\varphi$ のときは，$[\pi]\varphi \in \Delta$ を仮定して $(\Gamma \Rightarrow \Delta) \overset{\pi}{\rightsquigarrow} (\Pi \Rightarrow \Sigma) \not\models \varphi$ なる $\Pi \Rightarrow \Sigma$ の存在を示す（$\varphi \in \mathrm{FLC}(\xi)$ であることに注意する）．まず $\mathcal{H}_{\mathbf{PDL}} \nvdash \Gamma \Rightarrow \Delta$ なので，仮定（$[\pi]\varphi \in \Delta$）と合わせて $\mathcal{H}_{\mathbf{PDL}} \nvdash \langle\!| \Gamma \Rightarrow \Delta |\!\rangle \vee [\pi]\langle\!| \Rightarrow \varphi |\!\rangle$ が得られる．すると補題 5.5.2 によって，$\varphi \in \Sigma$ かつ $\mathcal{H}_{\mathbf{PDL}} \nvdash \langle\!| \Gamma \Rightarrow \Delta |\!\rangle \vee [\pi]\langle\!| \Pi \Rightarrow \Sigma |\!\rangle$ となる $(\Pi \Rightarrow \Sigma) \in S$ の存在がいえる．この $\Pi \Rightarrow \Sigma$ が求めるものであることが，π に対する帰納法の仮定 (IV) と φ に対する帰納法の仮定 (II) によって示される．

【(III) の証明】

【$\lambda = a$（原子プログラム）のとき】 $\varphi \in \mathrm{FLC}(\xi)$ であることに注意する．$[a]\varphi \in \Gamma$ を仮定すると $\langle\!| \Gamma \Rightarrow \Delta |\!\rangle \vee [a]\varphi$ はトートロジーの形になり，$\mathcal{H}_{\mathbf{PDL}}$ で証明できる．さらに $\varphi \notin \Pi$ を仮定すると $\varphi \in \Sigma$ になるので，$\langle\!| \Gamma \Rightarrow \Delta |\!\rangle \vee [a]\varphi$ から内部水増規則で $\mathcal{H}_{\mathbf{PDL}} \vdash \langle\!| \Gamma \Rightarrow \Delta |\!\rangle \vee [a]\langle\!| \Pi \Rightarrow \Sigma |\!\rangle$ が得られる．したがって，$\overset{a}{\rightsquigarrow}$ の定義より $(\Gamma \Rightarrow \Delta) \overset{a}{\rightsquigarrow} (\Pi \Rightarrow \Sigma)$ でないので，題意が示される．

【$\lambda = \pi_1;\pi_2$ のとき】 $[\pi_1][\pi_2]\varphi, [\pi_2]\varphi \in \mathrm{FLC}(\xi)$ であることに注意する．$[\pi_1;\pi_2]\varphi \in \Gamma$ を仮定すると，; 公理によって $[\pi_1][\pi_2]\varphi \in \Gamma$ である（なぜなら，もし $[\pi_1][\pi_2]\varphi \in \Delta$ ならば，$\mathcal{H}_{\mathbf{PDL}} \vdash \langle\!| \Gamma \Rightarrow \Delta |\!\rangle$ になってしまうからである）．さらに $(\Gamma \Rightarrow \Delta) \overset{\pi_1;\pi_2}{\rightsquigarrow} (\Pi \Rightarrow \Sigma)$ を仮定すると，定義からある $(\Gamma' \Rightarrow \Delta') \in S$ が存在して $(\Gamma \Rightarrow \Delta) \overset{\pi_1}{\rightsquigarrow} (\Gamma' \Rightarrow \Delta') \overset{\pi_2}{\rightsquigarrow} (\Pi \Rightarrow \Sigma)$ となっている．すると，π_1 に対する帰納法の仮定によって $[\pi_2]\varphi \in \Gamma'$ が得られ，さらに π_2 に対する帰納法の仮定によって $\varphi \in \Pi$ が得られる．

【$\lambda = \pi_1 \cup \pi_2$ のとき】$\lambda = \pi_1; \pi_2$ のときと同様な議論で $\cup$ 公理などを用いて示される．

【$\lambda = \pi^*$ のとき】$\varphi, [\pi][\pi^*]\varphi \in \mathrm{FLC}(\xi)$ であることに注意する．まず，任意の $(\Gamma' \Rightarrow \Delta') \in S$ に対して次が成り立つことを確認する．

$$[\pi^*]\varphi \in \Gamma' \text{ ならば，} \varphi \in \Gamma' \text{ かつ } [\pi][\pi^*]\varphi \in \Gamma' \tag{5.1}$$

なぜなら，もし $[\pi^*]\varphi \in \Gamma'$ であって同時に $\varphi \in \Delta'$ や $[\pi][\pi^*]\varphi \in \Delta'$ ならば，$*$ 公理などによって $\mathcal{H}_{\mathbf{PDL}} \vdash \langle\!\langle \Gamma' \Rightarrow \Delta' \rangle\!\rangle$ になってしまうからである．

さて $(\Gamma \Rightarrow \Delta) \overset{\pi^*}{\rightsquigarrow} (\Pi \Rightarrow \Sigma)$ を仮定すると，定義からある $n \geq 0$ と $(\Pi_i \Rightarrow \Sigma_i) \in S$（$0 \leq i \leq n$）が存在して

$$(\Gamma \Rightarrow \Delta) = (\Pi_0 \Rightarrow \Sigma_0) \overset{\pi}{\rightsquigarrow} (\Pi_1 \Rightarrow \Sigma_1) \overset{\pi}{\rightsquigarrow} (\Pi_2 \Rightarrow \Sigma_2) \overset{\pi}{\rightsquigarrow} \cdots \overset{\pi}{\rightsquigarrow} (\Pi_n \Rightarrow \Sigma_n) = (\Pi \Rightarrow \Sigma)$$

となっている．さらに $[\pi^*]\varphi \in \Pi_0$ を仮定すると，π に対する帰納法の仮定と (5.1) を繰り返し用いることで $i = 1, 2, \ldots, n$ に対して $[\pi^*]\varphi \in \Pi_i$ であることが示され，最後にふたたび (5.1) によって $\varphi \in \Pi_n$ が得られる．

【$\lambda = \alpha?$ のとき】$\alpha, \varphi \in \mathrm{FLC}(\xi)$ であることに注意する．$[\alpha?]\varphi \in \Gamma$ を仮定すると，次が成り立つ．

$$\alpha \in \Delta \text{ または } \varphi \in \Gamma \tag{5.2}$$

なぜなら，もし $[\alpha?]\varphi, \alpha \in \Gamma$ かつ $\varphi \in \Delta$ ならば，?公理などによって $\mathcal{H}_{\mathbf{PDL}} \vdash \langle\!\langle \Gamma \Rightarrow \Delta \rangle\!\rangle$ になってしまうからである．さらに $(\Gamma \Rightarrow \Delta) \overset{\alpha?}{\rightsquigarrow} (\Pi \Rightarrow \Sigma)$ を仮定すると，定義から次が成り立つ．

$$(\Gamma \Rightarrow \Delta) = (\Pi \Rightarrow \Sigma) \text{ かつ } M, (\Gamma \Rightarrow \Delta) \models \alpha \tag{5.3}$$

式 (5.2), (5.3) と α に対する帰納法の仮定 (II) を合わせて，$\varphi \in \Pi$ が得られる．

【(IV) の証明】

【λ が原子プログラムのとき】定義から明らか．

【$\lambda = \pi_1; \pi_2$ のとき】$\mathcal{H}_{\mathbf{PDL}} \nvdash \langle\!\langle \Gamma \Rightarrow \Delta \rangle\!\rangle \vee [\pi_1; \pi_2]\langle\!\langle \Pi \Rightarrow \Sigma \rangle\!\rangle$ ならば，; 公理などにより $\mathcal{H}_{\mathbf{PDL}} \nvdash \langle\!\langle \Gamma \Rightarrow \Delta \rangle\!\rangle \vee [\pi_1][\pi_2]\langle\!\langle \Pi \Rightarrow \Sigma \rangle\!\rangle$ である．すると，$\psi = [\pi_2]\langle\!\langle \Pi \Rightarrow \Sigma \rangle\!\rangle$ としたとき $\mathcal{H}_{\mathbf{PDL}} \nvdash \langle\!\langle \Gamma \Rightarrow \Delta \rangle\!\rangle \vee [\pi_1]\langle\!\langle\ \Rightarrow \psi \rangle\!\rangle$ であり，補題 5.5.2 によって $\mathrm{FLC}(\xi)$ の $\mathcal{H}_{\mathbf{PDL}}$ 証明不可能な分割 $\Gamma' \Rightarrow \Delta'$ が存在して

$$\mathcal{H}_{\mathbf{PDL}} \nvdash \langle\!\langle \Gamma \Rightarrow \Delta \rangle\!\rangle \vee [\pi_1]\langle\!\langle \Gamma' \Rightarrow \Delta', \psi \rangle\!\rangle \tag{5.4}$$

となる．すると，次の二つがいえる．

$$\mathcal{H}_{\mathbf{PDL}} \nvdash \langle\!\langle \Gamma \Rightarrow \Delta \rangle\!\rangle \vee [\pi_1]\langle\!\langle \Gamma' \Rightarrow \Delta' \rangle\!\rangle \tag{5.5}$$

$$\mathcal{H}_{\mathbf{PDL}} \nvdash \langle\!\langle \Gamma' \Rightarrow \Delta' \rangle\!\rangle \vee [\pi_2]\langle\!\langle \Pi \Rightarrow \Sigma \rangle\!\rangle \tag{5.6}$$

なぜなら，(5.5) の論理式からは内部水増規則によって (5.4) の論理式が導出できるし，(5.6) の論理式からは $[\pi_1]$ 規則などで (5.4) の論理式が導出できる（$\psi = [\pi_2]\langle\!\langle \Pi \Rightarrow \Sigma \rangle\!\rangle$ であることに注意）からである．すると，(5.5)，(5.6) と帰納法の仮定によって $(\Gamma \Rightarrow \Delta) \overset{\pi_1}{\rightsquigarrow} (\Gamma' \Rightarrow \Delta') \overset{\pi_2}{\rightsquigarrow} (\Pi \Rightarrow \Sigma)$ が得られて，題意が示される．

【$\lambda = \pi_1 \cup \pi_2$ のとき】$\lambda = \pi_1 ; \pi_2$ のときと似た議論で $\cup$ 公理などを用いて示される．

【$\lambda = \pi^*$ のとき】$(\Gamma \Rightarrow \Delta) \overset{\pi^*}{\rightsquigarrow} (\Pi \Rightarrow \Sigma)$ でないことを仮定して，$\mathcal{H}_{\mathbf{PDL}} \vdash \langle\!\langle \Gamma \Rightarrow \Delta \rangle\!\rangle \vee [\pi^*]\langle\!\langle \Pi \Rightarrow \Sigma \rangle\!\rangle$ を示す．S の要素を，$\Gamma \Rightarrow \Delta$ から $\overset{\pi^*}{\rightsquigarrow}$ で到達可能な要素全体 $\mathcal{A}$ と到達不可能な要素全体 $\mathcal{B}$ に分ける．すなわち，次のように定める．

$$\begin{aligned}
&\mathcal{A} = \{(\Gamma' \Rightarrow \Delta') \in S \mid ({}^{\exists}k \geq 0)((\Gamma \Rightarrow \Delta)(\overset{\pi}{\rightsquigarrow})^k(\Gamma' \Rightarrow \Delta'))\},\\
&\mathcal{B} = S \setminus \mathcal{A}
\end{aligned}$$

さらに $(\Gamma \Rightarrow \Delta) = (\Gamma_1 \Rightarrow \Delta_1)$，$(\Pi \Rightarrow \Sigma) = (\Pi_1 \Rightarrow \Sigma_1)$ として，$\mathcal{A}, \mathcal{B}$ の要素を以下のように列挙する．

$$\begin{aligned}
&\mathcal{A} = \{(\Gamma_1 \Rightarrow \Delta_1), (\Gamma_2 \Rightarrow \Delta_2), \ldots, (\Gamma_m \Rightarrow \Delta_m)\},\\
&\mathcal{B} = \{(\Pi_1 \Rightarrow \Sigma_1), (\Pi_2 \Rightarrow \Sigma_2), \ldots, (\Pi_n \Rightarrow \Sigma_n)\}
\end{aligned}$$

すると，$\mathcal{A}$ の要素から $\mathcal{B}$ の要素へは $\overset{\pi}{\rightsquigarrow}$ の関係が付かない（もし付いたら $\Gamma \Rightarrow \Delta$ から $\mathcal{B}$ の要素へ $\overset{\pi^*}{\rightsquigarrow}$ で到達できてしまうので），すなわちどんな i, j についても $(\Gamma_i \Rightarrow \Delta_i) \overset{\pi}{\rightsquigarrow} (\Pi_j \Rightarrow \Sigma_j)$ でないので，帰納法の仮定によって次が得られる．

$$\mathcal{H}_{\mathbf{PDL}} \vdash \langle\!\langle \Gamma_i \Rightarrow \Delta_i \rangle\!\rangle \vee [\pi]\langle\!\langle \Pi_j \Rightarrow \Sigma_j \rangle\!\rangle \quad ({}^{\forall}i \in \{1, 2, \ldots, m\}, {}^{\forall}j \in \{1, 2, \ldots, n\}) \tag{5.7}$$

ここで，論理式 A と $\overline{B}$ を次で定める．

$$\begin{aligned}
&A = \neg\langle\!\langle \Gamma_1 \Rightarrow \Delta_1 \rangle\!\rangle \vee \neg\langle\!\langle \Gamma_2 \Rightarrow \Delta_2 \rangle\!\rangle \vee \cdots \vee \neg\langle\!\langle \Gamma_m \Rightarrow \Delta_m \rangle\!\rangle,\\
&\overline{B} = \langle\!\langle \Pi_1 \Rightarrow \Sigma_1 \rangle\!\rangle \wedge \langle\!\langle \Pi_2 \Rightarrow \Sigma_2 \rangle\!\rangle \wedge \cdots \wedge \langle\!\langle \Pi_n \Rightarrow \Sigma_n \rangle\!\rangle
\end{aligned}$$

すると，求める $\mathcal{H}_{\mathbf{PDL}} \vdash \langle\!\langle \Gamma \Rightarrow \Delta \rangle\!\rangle \vee [\pi^*]\langle\!\langle \Pi \Rightarrow \Sigma \rangle\!\rangle$ は次の方針で示すことができる．

$$\cfrac{\cfrac{\cfrac{\cfrac{\cfrac{\text{(5.7)，内部}\wedge\text{規則，taut}}{A \to [\pi]\overline{B}} \qquad \cfrac{\text{補題 5.5.4(2)，taut}}{\overline{B} \to A}}{A \to [\pi]A}\ \text{内部含意}}{[\pi^*](A \to [\pi]A)}\ [\pi^*]\ \text{規則}}{A \to [\pi^*]A}\ {*}\ \text{帰納法公理など}}{\neg\langle\!\langle \Gamma_1 \Rightarrow \Delta_1 \rangle\!\rangle \to [\pi^*]\langle\!\langle \Pi_1 \Rightarrow \Sigma_1 \rangle\!\rangle}\ \text{補題 5.5.4(1) や内部含意など}$$

【$\lambda = \varphi?$ のとき】$(\Gamma\Rightarrow\Delta) \overset{\varphi?}{\rightsquigarrow} (\Pi\Rightarrow\Sigma)$ でないことを仮定して $\mathcal{H}_{\mathbf{PDL}} \vdash \langle\!|\Gamma\Rightarrow\Delta|\!\rangle \vee [\varphi?]\langle\!|\Pi\Rightarrow\Sigma|\!\rangle$ を示す．$(\Gamma\Rightarrow\Delta) \overset{\varphi?}{\rightsquigarrow} (\Pi\Rightarrow\Sigma)$ でないのは次の二つの場合である．

(i) $(\Gamma\Rightarrow\Delta) \neq (\Pi\Rightarrow\Sigma)$ のとき．このときは補題 5.5.4(1) などから $\mathcal{H}_{\mathbf{PDL}} \vdash \langle\!|\Gamma\Rightarrow\Delta|\!\rangle \vee (\varphi \to \langle\!|\Pi\Rightarrow\Sigma|\!\rangle)$ となるので，? 公理などにより $\mathcal{H}_{\mathbf{PDL}} \vdash \langle\!|\Gamma\Rightarrow\Delta|\!\rangle \vee [\varphi?]\langle\!|\Pi\Rightarrow\Sigma|\!\rangle$ が得られる．

(ii) $M, (\Gamma\Rightarrow\Delta) \not\models \varphi$ のとき．φ は $\mathrm{FLC}(\xi)$ の要素なので，帰納法の仮定 (I) より $\varphi \in \Delta$ である．したがって，$\langle\!|\Gamma\Rightarrow\Delta|\!\rangle \vee (\varphi \to \langle\!|\Pi\Rightarrow\Sigma|\!\rangle)$ はトートロジーの形になるので，先ほどと同様に示される．

以上で (I)～(IV) のすべてが示された．■

注意 5.5.6　上の証明中で (I), (II) などから，任意の $(\Gamma_i\Rightarrow\Delta_i)$, $(\Gamma_j\Rightarrow\Delta_j)$ について次が成り立つことがわかる．

$$j = i \iff M, (\Gamma_j\Rightarrow\Delta_j) \models \neg\langle\!|\Gamma_i\Rightarrow\Delta_i|\!\rangle$$

つまり，論理式 $\neg\langle\!|\Gamma_i\Rightarrow\Delta_i|\!\rangle$ が成り立つことが「状態 $\Gamma_i\Rightarrow\Delta_i$ に居る」を表しているのである．この見方をすれば，(IV) の $\lambda = \pi^*$ の場合の証明中の論理式 A と $\overline{B}$ はそれぞれ「$\mathcal{A}$ 内に居る」と「$\mathcal{B}$ 内に居ない」を表している．そして，論理式 $A \to [\pi]\overline{B}$ や $A \to [\pi]A$ は「$\mathcal{A}$ 内に居れば π で 1 回遷移しても $\mathcal{A}$ から外に出ない」，$A \to [\pi^*]A$ は「$\mathcal{A}$ 内に居れば π で何回遷移しても $\mathcal{A}$ から外に出ない」と読むことができる．これが上の証明の背後にある気持ちである．

さて，もし $\mathcal{H}_{\mathbf{PDL}} \nvdash \xi$ ならば，$\mathrm{FLC}(\xi)$ の $\mathcal{H}_{\mathbf{PDL}}$ 証明不可能な分割 $\Gamma\Rightarrow\Delta$ で $\xi \in \Delta$ なるものが存在することは，**K** のときと同様に補題 2.8.14 の $\mathcal{H}_{\mathbf{PDL}}$ 版を用いて証明できる．

以上の結果と前節の結果（定理 5.4.9）を用いて，2.8 節の最後の部分（補題 2.8.15 や演習問題 2.8.18 を用いて $\mathcal{H}_{\mathbf{K}}$ の完全性と有限モデル性を証明した部分）と同様な議論によって，$\mathcal{H}_{\mathbf{PDL}}$ の完全性（定理 5.3.7($1 \Rightarrow 2$)）と **PDL** の有限モデル性（定理 5.3.8）は証明される．

第6章 ホーア論理

ホーア論理 (Hoare logic)[¶1] はプログラム検証，つまりプログラムが仕様どおりに動くことを証明するための論理である．プログラム検証の簡単な方法はいくつかの入力データに対してテスト実行してみることだが，その方法ではすべての入力に対して正しく動く，ということは保証されない．一方，ホーア論理で証明すればそれを保証することができる．

本章ではホーア論理の最も基本的な部分を説明する．6.1 節と 6.2 節でホーア論理を定義して，6.3 節で健全性・完全性を示す．最後に，6.4 節でホーア論理と **PDL** との関係を示す．なお本章では，手続き型プログラミング言語に関する最低限の（例示する最大公約数計算プログラムの動作を理解できる程度の）知識を仮定する．

6.1 while プログラム

ホーア論理が対象とするプログラムの基本は **while プログラム**とよばれるものである．これは現実の手続き型プログラミング言語から必要最低限のエッセンスだけを抽出して

　データ型は整数のみ，制御構造は分岐と繰り返しのみ，

としたものである．はじめに while プログラムの例を挙げる．

例 6.1.1　図 6.1 の while プログラムを GCD と名付ける．これはユークリッドの互除法を用いて最大公約数を計算するもので，変数 `v1` と `v2` に正整数 x と非負整数 y をそれぞれセットして実行開始すれば，x と y の最大公約数 $\mathrm{gcd}(x, y)$

¶1　ホーア (C. A. R. Hoare) は人名．ホーア論理の概要は文献 [5]，詳細は文献 [8,29] や文献 [12] の 7 群 1 編を参照してほしい．

```
while (v2 > 0) do begin
    v3 := v1 % v2;
    v1 := v2;
    v2 := v3;
end
```

（注：$n\%m$ は n の m による剰余）

図 6.1 プログラム GCD

が v1 に入って終了する． ◢

これから while プログラム（以下では単にプログラムとよぶ）を定義する．

プログラム中では**変数**と**数式**を用いる．変数は

v0, v1, v2, ...

という形をしており，変数に入る値は整数である．数式は，変数と整数定数と四則演算子と剰余演算子から作られる．

等式 $t_1 = t_2$ と不等式 $t_1 > t_2$ （ただし t_1, t_2 は数式）から論理演算子で作られる式を**条件式**とよぶ．論理演算子はとりあえず $\wedge, \vee, \neg$ だけあればよいが，これらはプログラム中では and, or, not と書くことにする．

プログラムに使われる**文**には次の 4 種類がある．

代入文，複合文，if 文，while 文

それぞれの形と実行時の働きは表 6.1 のとおりである．表では，vi は変数，t は数式，C は条件式，π, π_1 などは文である．なお，複合文では $n \geq 1$ とする．

表 6.1 文の形と働き

種類	形	働き
代入文	vi := t	t の値を計算して vi に代入する．
複合文	begin π_1; π_2; $\cdots$; π_n end	$\pi_1, \pi_2, \ldots, \pi_n$ を順次実行する．
if 文	if C then π_1 else π_2	条件 C が成り立つならば π_1 を，成り立たないならば π_2 を，それぞれ実行する．
while 文	while C do π	「条件 C が成り立つならば π を実行する，成り立たないならば何もしない」という動作を，C が成り立たなくなるまで繰り返す（したがって C が成り立ち続ける場合はいつまでも停止しない）．

表 6.1 からわかるように，文は入れ子構造になっている（代入文以外の文は，より小さな文を内側に含んでいる）．そして，この文のことを**プログラム**とよぶ．つまり，プログラムとは単なる一つの文であり，現実の多くのプログラミング言語にあるプログラム冒頭の各種宣言などは含まない．入出力の機能もなく，事前に変数に値をセットして実行終了後に適当な変数から値を取り出すことで計算を行う．

注意 6.1.2　「何もしない」という意味の文（しばしば `skip` と書かれる）を使用したい場合は，「`v1 := v1`」といった無意味な代入文を用いればよい．

注意 6.1.3　while プログラムには上記の機能しかないが，他のプログラミング言語で計算できるどんな関数も（つまり定義 1.3.1 の意味でのどんな計算可能関数も）while プログラムで記述可能である ¶2．

6.2　ホーアトリプルと証明体系

プログラム上の行間にそこを通過する際に成り立つ条件を適切に書き込むことで，そのプログラムが正しい答えを出すということを示すことができる．たとえば GCD ならば，図 6.2 のようにすればよい（説明のため行番号も付けた）．なお，書き込まれる条件は**表明** (assertion) とよばれる．

図 6.2 の内容を説明する．

- はじめに `v1` に正整数 x，そして `v2` に非負整数 y をセットすれば，条件 (ア) が成り立ち，したがって (イ) が成り立つ．
- ここで (`v2` $>$ 0) の成否によって 4 行目に進むか 13 行目に飛ぶかに分かれるが，いずれの場合も進んだ先の条件 (ウ) や (ク) が成り立っている ((イ),(ウ),(ク) の差異は `v2` の値だけある)．
- (ウ) が成り立つときに 5 行目を実行すれば (エ) が成り立つ．さらに (エ) から (オ) が導かれることは，次の数学的事実からいえる．

$$m, n > 0 \text{ かつ } r = m\%n \text{ ならば，} \quad \mathrm{gcd}(n, r) = \mathrm{gcd}(m, n) \tag{6.1}$$

- (オ) が成り立つときに 8 行目を実行すれば (カ) が成り立つ．これは，(オ)

¶2　たとえば文献 [2] を参照．

```
 1: (v1 に正整数 x を，v2 に非負整数 y を入れておく)        {v1=x>0 ∧ v2=y≥0}(ア)
 2:                                    {v1>0 ∧ v2≥0 ∧ gcd(v1,v2)=gcd(x,y)}(イ)
 3: while (v2 > 0) do begin
 4:                                    {v1>0 ∧ v2>0 ∧ gcd(v1,v2)=gcd(x,y)}(ウ)
 5:     v3 := v1 % v2;
 6:                       {v1>0 ∧ v2>0 ∧ v3=v1%v2 ∧ gcd(v1,v2)=gcd(x,y)}(エ)
 7:                                    {v2>0 ∧ v3≥0 ∧ gcd(v2,v3)=gcd(x,y)}(オ)
 8:     v1 := v2;
 9:                                    {v1>0 ∧ v3≥0 ∧ gcd(v1,v3)=gcd(x,y)}(カ)
10:     v2 := v3
11:                                    {v1>0 ∧ v2≥0 ∧ gcd(v1,v2)=gcd(x,y)}(キ)
12: end
13:                                    {v1>0 ∧ v2=0 ∧ gcd(v1,v2)=gcd(x,y)}(ク)
14: (v1 の値を取り出す)                                      {v1=gcd(x,y)}(ケ)
```

図 6.2　GCD に表明を書き込んだもの

の中で v2 が担っていた役割が代入によって v1 に引き継がれるからである．同様に 10 行目の代入文の実行によって 11 行目では (キ) が成り立つ．

- 11 行目からは $(\mathtt{v2} > 0)$ の成否によって 4 行目に戻るか 13 行目に進むかに分かれるが，いずれの場合も進んだ先の条件 (ウ) や (ク) が成り立っていることは先述と同じである．
- 最後に，13 行目で (ク) が成り立っているときに v1 の値が $\gcd(x, y)$ になっていることは，$\gcd(n, 0) = n$ であることからいえる．

また，5〜10 行目を実行するたびに v2 の値が減るので，いつかは条件 (v2>0) が偽になり，while 文の実行は停止する．以上で GCD が正しく最大公約数を計算することを確認できた．

注意 6.2.1　上の (イ) と (キ) は（変数 v1,v2 の値は変化しているが）同一の条件である．このように，繰り返し処理の実行直前と実行直後の両方で共通して成り立つ条件は，一般に**ループ不変条件**とよばれる．

図 6.2 のような作業をホーアトリプルという記述を単位にして進めていくのが，ホーア論理である．

定義 6.2.2 [ホーアトリプル] A と B が表明で，π がプログラムのとき

$$\{A\}\pi\{B\}$$

という記述を**ホーアトリプル**とよぶ．

なお，ホーアトリプル $\{A\}\pi\{B\}$ の意味は

> A が成り立つときに π を実行して，それが停止すれば必ず B が成り立つ

であるが，このことは次節で正確に定義される．

表明は条件を記述したものであるが，そこで使用できる記号（**表明言語**とよぶ）をあらかじめ定めておく必要がある．本書での表明言語は以下の記号からなるとする．

(1) プログラム中の変数（図 6.2 では `v1`, `v2`, `v3`）．次の (2) と区別するために，これを**プログラム変数**とよぶ．
(2) 整数を表す変数（図 6.2 では x, y）．前の (1) と区別するために，これを**表明変数**とよぶ．
(3) 整数に関する基本的な関数・述語を表す記号（図 6.2 では 0, %, gcd, $=$, $>$, $\geq$）．なお基本的な関数・述語とは，定数関数と四則演算と等号・不等号だけでもよいし（その場合は gcd は他の記号で定義する），計算可能関数・計算可能述語すべてでもよい．
(4) 命題論理の論理記号 $\wedge, \vee, \neg, \rightarrow, \leftrightarrow, \top, \bot$ （図 6.2 では $\wedge$ だけ使用されている）．
(5) 表明変数を量化する $\forall$, $\exists$ （図 6.2 では使用されていない）．

したがって，if 文や while 文の中に登場する条件式はすべて表明であるし，それ以外にプログラム内では使用できない記号（上記の (2),(5) など）も使って記述されたものが表明である．これ以降，表明を A, B などで表す．

定義 6.2.3 ［ホーア論理］ ホーア論理はホーアトリプルを導く証明体系であり，その公理と推論規則は以下のとおりである．

公理 $\{A(t/\mathtt{v}i)\}\ \mathtt{v}i\mathtt{:=}t\ \{A\}$ （代入文公理）(注 1)

推論規則

$$\frac{\{A\}\pi_1\{C_1\} \quad \{C_1\}\pi_2\{C_2\} \quad \cdots \quad \{C_{n-1}\}\pi_n\{B\}}{\{A\}\ \mathtt{begin}\ \pi_1\mathtt{;}\pi_2\mathtt{;}\cdots\mathtt{;}\pi_n\ \mathtt{end}\ \{B\}}$$

（複合文規則）

$$\frac{\{C\wedge A\}\pi_1\{B\} \qquad \{\neg C\wedge A\}\pi_2\{B\}}{\{A\}\ \mathtt{if}\ C\ \mathtt{then}\ \pi_1\ \mathtt{else}\ \pi_2\ \{B\}}$$

（if 文規則）

$$\frac{\{C\wedge A\}\pi\{A\}}{\{A\}\ \mathtt{while}\ C\ \mathtt{do}\ \pi\ \{\neg C\wedge A\}}$$

（while 文規則）

$$\frac{\{B\}\pi\{C\}}{\{A\}\pi\{D\}}$$

ただし $A\to B$ と $C\to D$ が共に真 (注 2) のとき．

（帰結規則）

（注 1：$A(t/\mathtt{v}i)$ は表明 A 中の変数 $\mathtt{v}i$ を数式 t に置き換えたものを表す．）
（注 2：正確には次節の定義 6.3.2(2) による $\models A\to B$ かつ $\models C\to D$ ということ．）

この体系でホーアトリプル $\{A\}\pi\{B\}$ が証明できることを

$$\mathbf{Hoare}\vdash\{A\}\pi\{B\}$$

と書く．

例 6.2.4

$$\mathbf{Hoare}\vdash\ \{\mathtt{v1}=x>0\wedge\mathtt{v2}=y\geq 0\}\ \mathsf{GCD}\ \{\mathtt{v1}=\gcd(x,y)\}$$

つまり，「GCD はどんな正整数と非負整数に対しても，実行が停止すればその最小公倍数を計算する」ということがホーア論理で証明できる． ◢

上の証明は以下のようになっている．

$$
\dfrac{\dfrac{\dfrac{\dfrac{\dfrac{\text{代入文公理}}{\{\,\text{ウ}'\}\ \texttt{v3:=v1\%v2}\ \{\,\text{エ}\,\}}}{\{\,\text{ウ}''\}\ \texttt{v3:=v1\%v2}\ \{\,\text{オ}\,\}}\,(\text{帰}) \qquad \dfrac{\text{代入文公理}}{\{\,\text{オ}\,\}\ \texttt{v1:=v2}\ \{\,\text{カ}\,\}} \qquad \dfrac{\text{代入文公理}}{\{\,\text{カ}\,\}\ \texttt{v2:=v3}\ \{\,\text{キ}\,\}}}{\{\,\text{ウ}''\}\ \texttt{begin v3:=v1\%v2; v1:=v2; v2:=v3 end}\ \{\,\text{キ}\,\}}\,(\text{複})}{\{\,\text{イ}\,\}\ \texttt{while(v2>0)do begin v3:=v1\%v2; v1:=v2; v2:=v3 end}\ \{\,\text{ク}'\}}\,(\text{w})}{\{\,\text{ア}\,\}\ \texttt{while(v2>0)do begin v3:=v1\%v2; v1:=v2; v2:=v3 end}\ \{\,\text{ケ}\,\}}\,(\text{帰})
$$

ここで，(帰), (複), (w) はそれぞれ帰結規則，複合文規則，while 文規則を表し，(ア)〜(ケ) は図 6.2 内の表明であり，(ウ′), (ウ″), (ク′) はそれぞれ (ウ),(ク) と同値な次の表明である（(ウ)，(ク) をこのように変えることで公理や規則の形に厳密に一致する）．

$$
\begin{aligned}
&(\text{ウ}')\quad \texttt{v1}>0 \ \wedge\ \texttt{v2}>0 \ \wedge\ \texttt{v1\%v2}=\texttt{v1\%v2} \ \wedge\ \mathrm{gcd}(\texttt{v1},\texttt{v2})=\mathrm{gcd}(x,y)\\
&(\text{ウ}'')\quad \texttt{v2}>0 \ \wedge\ \texttt{v1}>0 \ \wedge\ \texttt{v2}\geq 0 \ \wedge\ \mathrm{gcd}(\texttt{v1},\texttt{v2})=\mathrm{gcd}(x,y)\\
&(\text{ク}')\quad \neg(\texttt{v2}>0) \ \wedge\ \texttt{v1}>0 \ \wedge\ \texttt{v2}\geq 0 \ \wedge\ \mathrm{gcd}(\texttt{v1},\texttt{v2})=\mathrm{gcd}(x,y)
\end{aligned}
$$

上記の証明が図 6.2 をホーア論理の公理と推論規則を用いて書いたものであることを確認してほしい．たとえば，上方の帰結規則の適用では表明 (エ) $\rightarrow$ (オ) が真であることを使用しているが，これは先述の数学的事実 (6.1) で保証される．

注意 6.2.5　帰結規則の適用条件「$A \rightarrow B$，$C \rightarrow D$ が真」は，他の推論規則（前章までの様相論理の証明体系を含めても）には見られない異質なものである．任意の表明の真偽を判定することは計算不可能なので（次節の注意 6.3.4)，「$\{B\}\pi\{C\}$ に帰結規則を適用して $\{A\}\pi\{D\}$ を導いてよいか？」も一般に計算不可能である．現実にホーア論理を用いる場合は $A \rightarrow B$，$C \rightarrow D$ が真であることは何らかの別の方法で確認をする必要があり，その部分はホーア論理の仕事ではない．帰結規則の適用条件チェックは外部に委託して，ホーア論理はプログラムの構造によって定まる正しさだけを扱っているのである．

注意 6.2.6　ホーアトリプルを証明しただけではそのプログラムが停止することは示されていないので，停止性は別途証明する必要がある．なお，停止性込みで証明する推論規則もあるが，本書では扱わない．

6.3 健全性，相対完全性

前章までの様相論理の証明体系と同様に，ホーア論理の証明体系についても健全性と完全性が重要な性質になる．この節では，ホーアトリプルの「正しさ」を定義して，健全性と完全性を概説する．

定義 6.3.1［変数解釈］ 各プログラム変数がどんな整数値をもっているか，という情報を**プログラム変数解釈**とよび，各表明変数がどんな整数値をもっているか，という情報を**表明変数解釈**とよぶ．プログラム変数解釈 J で変数 $\mathrm{v}i$ が値 n であることを

$$J(\mathrm{v}i) = n$$

と書く．

定義 6.3.2［表明の真偽］ A を表明，J をプログラム変数解釈，I を表明変数解釈とする．

(1) 各変数の値を J, I で定め，関数記号や述語記号は整数上の通常の意味に解釈して，$\forall, \exists$ で量化された変数の動く範囲は整数全体とすれば，A の成立／不成立が定まる．このようにして A が成り立つことを

$$J, I \models A$$

と書く．なお，A に表明変数が現れない場合は I は関係ないので，$J \models A$ と書いてもよい．

(2) 「任意の J, I に対して $J, I \models A$」であることを

$$\models A$$

と書き，「A は真である」という（これがホーア論理の帰結規則の適用条件に登場する「真」という概念の正確な定義である）．

例 6.3.3 以下では，$J(\mathtt{v1}) = 6$, $J'(\mathtt{v1}) = 5$, $I(x) = 2$ であるとする．

(1) $J, I \models \exists y(x \cdot y = \mathtt{v1})$ である（$2 \cdot 3 = 6$ なので）．

(2) $J', I \not\models \exists y(x \cdot y = \mathtt{v1})$ である（$2 \cdot y = 5$ という整数 y は存在しないので）．

(3) $\not\models \exists y(2 \cdot y = \mathtt{v1})$ である（なぜなら (2) がいえるから）．

(4) $\models \exists x(x > \mathtt{v1})$ である（なぜなら v1 がどんな整数でもそれより大きな整数があるから）．

◢

注意 6.3.4 上の例のような簡単な表明ならばその真偽も簡単にわかるが，一般には与えられた任意の表明 A に対してその真偽を判定する問題は計算不可能である [¶3]．

プログラムを実行すると，プログラム変数の値，すなわちプログラム変数解釈が変化する．この変化を以下のように表記する．

定義 6.3.5［実行関係］ π はプログラム，J, J' はプログラム変数解釈とする．「変数の値が J の状態で π を実行開始すると，変数の値が J' の状態で停止する」ということを

$$J \overset{\pi}{\mapsto} J'$$

と表記する．この $\mapsto$ を**実行関係**とよぶ．

例 6.3.6 $J(\mathtt{v1}) = 100, J(\mathtt{v2}) = 15, J(\mathtt{v3}) = 0$, $J'(\mathtt{v1}) = 5, J'(\mathtt{v2}) = 0, J'(\mathtt{v3}) = 0$ で，これ以外の変数の値は J と J' で変わらないとする．このとき，前節で詳しく見たプログラム GCD に関して $J \overset{\mathsf{GCD}}{\mapsto} J'$ が成り立つ．なぜなら，変数の初期値 $\mathtt{v1} = 100, \mathtt{v2} = 15, \mathtt{v3} = 0$ で GCD を実行すると，$\mathtt{v1} = 5, \mathtt{v2} = 0, \mathtt{v3} = 0$ で停止するからである（5 は 100 と 15 の最大公約数）．

◢

以上の準備でホーアトリプルの正しさを定義できる．

¶3 扱う値が自然数である場合のこの計算不可能性は，数理論理学の多くの教科書（たとえば [3]）に載っており，整数に拡張しても本質的に同じである．

定義 6.3.7 ［ホーアトリプルの真偽］

(1) 条件

任意の J' について（もし $J, I \models A$ かつ $J \overset{\pi}{\mapsto} J'$ ならば，$J', I \models B$）

が成り立つことを

$$J, I \models \{A\}\pi\{B\}$$

と書く．なお，A, B に表明変数が現れない場合は I は関係ないので

$$J \models \{A\}\pi\{B\}$$

と書いてもよい．

(2) 条件

$$\text{任意の } J, I \text{ について } J, I \models \{A\}\pi\{B\}$$

が成り立つことを

$$\models \{A\}\pi\{B\}$$

と書き，「$\{A\}\pi\{B\}$ は真である」という．

注意 6.3.8　(1) $J, I \models \{A\}\pi\{B\}$ とは「変数の値が J, I で A が成り立つときに π を実行して停止したならば B が成り立つ」という意味である．

(2) $\models \{A\}\pi\{B\}$ とは「変数の値がどうであっても，A が成り立つときに π を実行して停止したならば B が成り立つ」という意味であり，これはホーアトリプル $\{A\}\pi\{B\}$ の**部分正当性**とよばれる性質である．一方，「変数の値がどうであっても，A が成り立つときに π を実行すれば必ず停止して B が成り立つ」という性質を**完全正当性**というが，これは本書では扱わない．

定理 6.3.9 ［ホーア論理の健全性・完全性］　任意のホーアトリプル $\{A\}\pi\{B\}$ について，以下の 2 条件は同値である．

(1) $\models \{A\}\pi\{B\}$.

(2) $\mathbf{Hoare} \vdash \{A\}\pi\{B\}$.

［証明］ 証明の方針だけ説明する ¶4．健全性 (2 ⇒ 1) の証明方針は前章までに登場した健全性と同様である．つまり，公理について

$$\models \{A(t/\mathrm{v}i)\}\ \mathtt{v}i{:=}t\ \{A\}$$

であること，そして各推論規則が「$\models$」を保存すること，たとえば while 文規則ならば

$$\models \{C \wedge A\}\pi\{A\} \quad \text{ならば} \quad \models \{A\}\ \mathtt{while}\ C\ \mathtt{do}\ \pi\ \{\neg C \wedge A\}$$

を示せばよい．これはそれぞれの概念の定義を用いて示すことができる．

完全性 (1 ⇒ 2) の証明は前章までの様相論理とはかなり異なる議論になる．まず，プログラム π と表明 B に対して表明 A_0 が次の 2 条件を満たす場合，A_0 のことを「π と B に対する**最弱前条件** (weakest precondition)」とよぶ．

(1) $\models \{A_0\}\pi\{B\}$.
(2) どんな表明 A に対しても次が成り立つ．

$$\models \{A\}\pi\{B\} \text{ ならば} \models A \to A_0$$

つまり，A_0 は $\models \{A\}\pi\{B\}$ を満たす A の中で最も弱い条件ということである（一般に $\models X \to Y$ の場合に Y のほうが X よりも弱い条件という）．そして，次の二つを示す．

(I) どんな π と B に対しても，それに対する最弱前条件が存在する ¶5．
(II) A_0 が π と B に対する最弱前条件ならば $\mathbf{Hoare} \vdash \{A_0\}\pi\{B\}$.

¶4 詳細については文献 [8, 29] を参照してほしい．なお，両文献で定義や記法が異なり，本書では説明のためにさらにそれらをアレンジしている．たとえば，文献 [29] ではプログラム変数のことを location，表明変数のことを integer variable とよんでいるが，文献 [8] ではプログラム変数と表明変数をあまり区別していない．また，文献 [8] ではデータを整数に限定しない一般的な議論を行っている．

¶5 表明は変数解釈についての条件を記述したものであるが，条件が表明として記述できるかどうかは表明言語に依存している．文献 [8, 29] では，共に最弱前条件を（表明で記述できるか否かは問わずに純粋に）条件として定義している．そして文献 [29] では，実際にそれが本書と同じ表明言語で記述できることを証明している．一方文献 [8] では，表明言語を限定しない議論をしているので，完全性定理の文面に「(I) が成り立てば」という前提条件を加えている．そして，(I) が成り立つための十分条件を簡単に説明している．

(I) はプログラム π の構成に関する帰納法で証明される．たとえば π が代入文 `v1:= 3` ならば，$B(3/\mathrm{v1})$ が最弱前条件になる．π が while 文のときの最弱前条件の作り方は複雑である．(II) もプログラム π の構成に関する帰納法で証明される．そして完全性は (I) と (II) を用いて次のように示される．$\models \{A\}\pi\{B\}$ と仮定する．(I) によって π と B に対する最弱前条件が存在するので，それを A_0 とする．すると，(II) や最弱前条件の性質から $\mathbf{Hoare} \vdash \{A_0\}\pi\{B\}$ かつ $\models A \to A_0$ となり，帰結規則によって $\mathbf{Hoare} \vdash \{A\}\pi\{B\}$ が得られる． ■

注意 6.3.10 上の完全性（定理 6.3.9(1 ⇒ 2)）は**相対完全性**とよばれることが多い．これは，注意 6.2.5 で述べたようにホーア論理は帰結規則の適用条件チェックの仕事を外部委託しているので，その委託先に十分な能力があるという前提での完全性，ということである．

6.4 PDL との関係

この節では，第 5 章の内容と本章の前節までの内容を踏まえて，ホーア論理と **PDL** の関係を説明する．

まず，while プログラムの条件式や文を **PDL** の論理式やプログラムに変換する方法を定義する．

定義 6.4.1 ［下線による変換］

(1) while プログラムにおける条件式 C を命題論理の論理式 $\underline{C}$ に変換する方法を，以下で再帰的に定義する．

(1-1) 等式・不等式は下線を付けると命題変数になる．すなわち，$\underline{t_1\texttt{=}t_2}$ や $\underline{t_1\texttt{>}t_2}$ は命題変数である．

(1-2) 論理演算子はそれぞれ同じ論理記号に変換する．すなわち，$\underline{C_1 \texttt{ and } C_2} = \underline{C_1} \land \underline{C_2}$, $\underline{C_1 \texttt{ or } C_2} = \underline{C_1} \lor \underline{C_2}$, $\underline{\texttt{not } C} = \neg\underline{C}$.

(2) while プログラムにおける文（つまりプログラム）π を PDL プログラム $\underline{\pi}$ に変換する方法を，以下で再帰的に定義する．

(2-1) 代入文は下線を付けると原子プログラムになる．すなわち，$\underline{\texttt{v}i\texttt{:=}t}$ は原子プログラムである．

(2-2) 複合文，if 文，while 文に下線を付けたものは以下の **PDL** プログラムとする．

$$\underline{\texttt{begin}\ \pi_1\texttt{;}\pi_2\texttt{;}\cdots\texttt{;}\pi_n\ \texttt{end}} = \underline{\pi_1};\underline{\pi_2};\cdots;\underline{\pi_n}.$$
$$\underline{\texttt{if}\ C\ \texttt{then}\ \pi_1\ \texttt{else}\ \pi_2} = (\underline{C}?;\underline{\pi_1}) \cup ((\neg\underline{C})?;\underline{\pi_2}).$$
$$\underline{\texttt{while}\ C\ \texttt{do}\ \pi} = (\underline{C}?;\underline{\pi})^*;(\neg\underline{C})?.$$

次に，ホーア論理のプログラム変数解釈と実行関係から **PDL** モデルを作る．

定義 6.4.2 ［$\mathcal{H}oare$］ **PDL** モデル $\mathcal{H}oare = \langle S, \overset{a_1}{\rightsquigarrow}, \overset{a_2}{\rightsquigarrow}, \ldots, f\rangle$ を次で定義する．

- $S = \{J \mid J$ は while プログラムのプログラム変数解釈 $\}$.
- 原子プログラム a による遷移関係 $\overset{a}{\rightsquigarrow}$ は，a が代入文を下線変換した結果の原子プログラムのときには変換前の代入文による実行関係で定める．すなわち

$$J \overset{\underline{\texttt{vi:=}t}}{\rightsquigarrow} J' \iff J \overset{\texttt{vi:=}t}{\mapsto} J'$$

- 付値関数 $f(p, J)$ の値は，p が等式・不等式を下線変換した結果の命題変数のときには変換前の式の真偽で定める．すなわち

$$f(\underline{t_1\texttt{>}t_2}, J) = \mathsf{true} \iff J \models t_1 > t_2$$

（不等号ではなく，等号の場合も同様）

この **PDL** モデルは，変数の値に応じた条件式の真偽やプログラム実行による変数の値の変化を，下線変換を介して忠実に再現している．正確には次が成り立つ．

定理 6.4.3

(1) while プログラムの任意の条件式 C と任意のプログラム変数解釈 J に対して，次が成り立つ．

$$\mathcal{H}oare, J \models \underline{C} \iff J \models C$$

（注意：左辺の $\models$ は **PDL** モデルの充足関係（定義 5.2.4）であり，右辺の $\models$ は表明の真偽（定義 6.3.2(1)）である.）

(2) 任意の while プログラム π，任意のプログラム変数解釈 J, J' に対して，次が成り立つ.

$$J \overset{\underline{\pi}}{\rightsquigarrow} J' \iff J \overset{\pi}{\mapsto} J'$$

（注意：左辺は **PDL** モデルの遷移関係（定義 5.2.4）であり，右辺は while プログラムによる実行関係（定義 6.3.5）である.）

［証明］ (1) は定義から明らか. (2) はそれぞれの定義を用いて，π の構成に関する帰納法で示せばよい. ■

例 6.4.4 次の while プログラムを π とする.

```
while (v1 > 0) do begin
  v1 := v1 - 1;
  v2 := v2 * 2
end
```

変数の初期値を $\mathtt{v1} = 2$, $\mathtt{v2} = 10$ としてこれを実行すると，while 文の中身が 2 回実行されて $\mathtt{v1} = 0$, $\mathtt{v2} = 40$ で停止する. 一方，この π を **PDL** プログラムに変換した $\underline{\pi}$ は次のようになる.

$$(\underline{\mathtt{v1>0}}?; (\underline{\mathtt{v1:=v1-1}}; \underline{\mathtt{v2:=v2*2}}))^*; (\neg\underline{\mathtt{v1>0}})?$$

プログラム変数解釈 J, J' を $J(\mathtt{v1}) = 2$, $J(\mathtt{v2}) = 10$, $J'(\mathtt{v1}) = 0$, $J'(\mathtt{v2}) = 40$ でその他の変数の値はすべて 0 であるとする. すると図 6.3 に示すように，**PDL** モデル $\mathcal{H}oare$ において $J \overset{\underline{\pi}}{\rightsquigarrow} J'$ であり，かつ J' 以外のどんな J'' についても $J \overset{\underline{\pi}}{\rightsquigarrow} J''$ でない. ◢

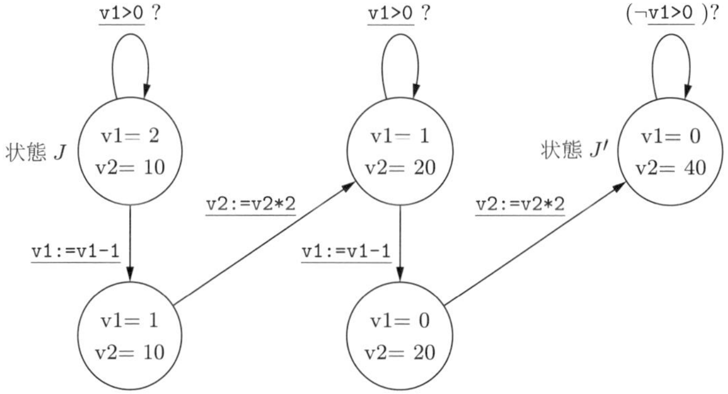

図 6.3 $\mathcal{H}oare$ における $(\underline{\texttt{v1>0}}?;(\underline{\texttt{v1:=v1-1}};\underline{\texttt{v2:=v2*2}}))^*;(\neg\underline{\texttt{v1>0}})?$ の遷移

ホーアトリプル $A\{\pi\}B$ の意味は「A が成り立つときに π を実行して，それが停止すれば必ず B が成り立つ」であるが，これは次の **PDL** 論理式で素直に記述できる．

$$\underline{A} \to [\underline{\pi}]\underline{B}$$

この論理式が $A\{\pi\}B$ を表現していることを正確に示すのが次の定理である．なお，表明 A, B の中に条件式では使えない記号（たとえば $\forall$）が入っている場合は $\underline{A}, \underline{B}$ が定義できないので，「A, B が条件式である場合」という前提を付けている．

定理 6.4.5 表明 A, B が条件式である場合，任意の while プログラム π と任意のプログラム変数解釈 J に対して，次が成り立つ．

$$\mathcal{H}oare, J \models \underline{A} \to [\underline{\pi}]\underline{B} \iff J \models A\{\pi\}B$$

（注意：左辺の $\models$ は **PDL** モデルの充足関係（定義 5.2.4）であり，右辺の $\models$ はホーアトリプルの真偽（定義 6.3.7(1)）である．）

［証明］ 定理 6.4.3 と両辺の $\models$ の定義から明らか． ■

さらに，**PDL** はホーア論理の推論規則のいくつかを模倣できる．以下では，A, B が条件式の場合に $\underline{A} \to [\underline{\pi}]\underline{B}$ のことを「$A\{\pi\}B$ を変換した論理式」とよぶことにする．

> **定理 6.4.6**　ホーア論理の複合文規則，if 文規則，while 文規則（定義 6.2.3）については，その前提を変換した論理式から結論を変換した論理式を，$\mathcal{H}_{\mathbf{PDL}}$ の推論規則によって導くことができる．

［証明］　while 文規則についての証明の方針だけを示す．5.5 節で用意したトートロジー規則や内部含意規則を用いる．以下では，たとえば (?公理) という部分は，?公理とトートロジー規則を用いたことを表す．

$$
\dfrac{
\dfrac{
\dfrac{
\dfrac{
\dfrac{
\dfrac{\underline{C} \wedge \underline{A} \to [\underline{\pi}]\underline{A}}{\underline{A} \to (\underline{C} \to [\underline{\pi}]\underline{A})}
}{\underline{A} \to [\underline{C}?][\underline{\pi}]\underline{A}}\ \text{(?公理)}
}{\underline{A} \to [\underline{C}?;\underline{\pi}]\underline{A}}\ \text{(; 公理)}
}{[(\underline{C}?;\underline{\pi})^*](\underline{A} \to [\underline{C}?;\underline{\pi}]\underline{A})}\ [(\underline{C}?;\underline{\pi})^*]\ \text{規則}
}{\underline{A} \to [(\underline{C}?;\underline{\pi})^*]\underline{A}}\ \text{(*帰納法公理)}
\quad
\dfrac{
\dfrac{\text{トートロジー公理}}{\underline{A} \to (\neg\underline{C} \to \neg\underline{C} \wedge \underline{A})}
}{\underline{A} \to [(\neg\underline{C})?](\neg\underline{C} \wedge \underline{A})}\ \text{(?公理)}
}{
\dfrac{\underline{A} \to [(\underline{C}?;\underline{\pi})^*][(\neg\underline{C})?](\neg\underline{C} \wedge \underline{A})}{\underline{A} \to [(\underline{C}?;\underline{\pi})^*;(\neg\underline{C})?](\neg\underline{C} \wedge \underline{A})}\ \text{(; 公理)}
}\ \text{(内部含意)}
$$

■

演習問題 6.4.7　定理 6.4.6 の複合文規則と if 文規則に対する証明を与えよ．

なお，代入文公理と帰結規則については，それらを変換したものは $\mathcal{H}_{\mathbf{PDL}}$ で導けない．なぜなら，代入文公理と帰結規則は代入文や等式や不等式の内容に関わるものであるが，代入文・等式・不等式は **PDL** に変換すると単なる原子プログラムや命題変数になるだけで元の意味が失われてしまうからである．つまり，**PDL** はホーアトリプルの正しさのうち複合文，if 文，while 文というプログラムの構造に由来する正しさだけを捉えているのである．これが 5.1 節で説明した抽象化である（抽象化される前の **DL** では代入文がそのままプログラムになり，表明がそのまま論理式になる）．

演習問題の解答

第 1 章

1.1.3

$((((\neg(\neg p)) \to q) \wedge r) \leftrightarrow ((\neg s) \vee t))$

1.1.6

以下では，$\circ$ は命題変数か $\top$ か $\bot$ を表し，$\bullet$ は論理記号 $\wedge, \vee, \to, \leftrightarrow$ のどれかを表す．

$\mathrm{Lh}(\circ) = 1$.　$\mathrm{Lh}(\neg\varphi_1) = \mathrm{Lh}(\varphi_1) + 1$.　$\mathrm{Lh}(\varphi_1 \bullet \varphi_2) = \mathrm{Lh}(\varphi_1) + \mathrm{Lh}(\varphi_2) + 1$.

$\mathrm{Sub}(\circ) = \{\circ\}$.　$\mathrm{Sub}(\neg\varphi_1) = \{\neg\varphi_1\} \cup \mathrm{Sub}(\varphi_1)$.

$\mathrm{Sub}(\varphi_1 \bullet \varphi_2) = \{\varphi_1 \bullet \varphi_2\} \cup \mathrm{Sub}(\varphi_1) \cup \mathrm{Sub}(\varphi_2)$.

$\mathrm{Var}(p) = \{p\}$.　$\mathrm{Var}(\top) = \mathrm{Var}(\bot) = \emptyset$.　$\mathrm{Var}(\neg\varphi_1) = \mathrm{Var}(\varphi_1)$.

$\mathrm{Var}(\varphi_1 \bullet \varphi_2) = \mathrm{Var}(\varphi_1) \cup \mathrm{Var}(\varphi_2)$.

$p\{p{:=}\psi\} = \psi$.　$\circ\{p{:=}\psi\} = \circ$（$\circ \neq p$ のとき）．　$(\neg\varphi_1)\{p{:=}\psi\} = \neg(\varphi_1\{p{:=}\psi\})$.

$(\varphi_1 \bullet \varphi_2)\{p{:=}\psi\} = (\varphi_1\{p{:=}\psi\}) \bullet (\varphi_2\{p{:=}\psi\})$.

1.1.7

φ の構成に関する帰納法により $|\mathrm{Sub}(\varphi)| \leq \mathrm{Lh}(\varphi)$ であることを示す．$\circ$ と $\bullet$ は上と同じとする．

【$\varphi = \circ$ のとき】$|\mathrm{Sub}(\circ)| = |\{\circ\}| = 1 = \mathrm{Lh}(\circ)$.

【$\varphi = \neg\varphi_1$ のとき】$|\mathrm{Sub}(\neg\varphi_1)| = |\{\neg\varphi_1\} \cup \mathrm{Sub}(\varphi_1)| \leq 1 + |\mathrm{Sub}(\varphi_1)| \leq_{(\text{帰納法の仮定})} 1 + \mathrm{Lh}(\varphi_1) = \mathrm{Lh}(\neg\varphi_1)$.

【$\varphi = \varphi_1 \bullet \varphi_2$ のとき】$|\mathrm{Sub}(\varphi_1 \bullet \varphi_2)| = |\{\varphi_1 \bullet \varphi_2\} \cup \mathrm{Sub}(\varphi_1) \cup \mathrm{Sub}(\varphi_2)| \leq 1 + |\mathrm{Sub}(\varphi_1)| + |\mathrm{Sub}(\varphi_2)| \leq_{(\text{帰納法の仮定})} 1 + \mathrm{Lh}(\varphi_1) + \mathrm{Lh}(\varphi_2) = \mathrm{Lh}(\varphi_1 \bullet \varphi_2)$.

1.2.8

p, q, r の真理値のすべての組み合わせに対する各部分式の真理値を順に計算した表が以下である．最終的に $p \vee \neg p$, $p \to p$, $(p \to q) \vee (q \to p)$, $p \wedge (q \vee r) \leftrightarrow (p \wedge q) \vee (p \wedge r)$ の列はすべての行で true なので，これらはトートロジーである．

p	$\neg p$	$p \vee \neg p$	$p \to p$
true	false	true	true
false	true	true	true

p	q	$p \to q$	$q \to p$	$(p \to q) \vee (q \to p)$
true	true	true	true	true
true	false	false	true	true
false	true	true	false	true
false	false	true	true	true

p	q	r	$q \vee r$	$p \wedge (q \vee r)$	$p \wedge q$	$p \wedge r$	$(p \wedge q) \vee (p \wedge r)$	φ
true	true	true	true	true	true	true	true	true
true	true	false	true	true	true	false	true	true
true	false	true	true	true	false	true	true	true
true	false	false	false	false	false	false	false	true
false	true	true	true	false	false	false	false	true
false	true	false	true	false	false	false	false	true
false	false	true	true	false	false	false	false	true
false	false	false	false	false	false	false	false	true

$\varphi = p \wedge (q \vee r) \leftrightarrow (p \wedge q) \vee (p \wedge r)$ とする.

1.2.9

(1) $p \to p$ がトートロジーであることから，$\top \equiv p \to p$ と $\bot \equiv \neg(p \to p)$ は明らかである．また，φ と ψ の真理値に応じた各論理式の真理値を表にすると下記になる．$\neg(\varphi \to \neg\psi)$ の列のパターンは $\varphi \wedge \psi$ と同じなのでこの二つは同値であり，$\neg\varphi \to \psi$ の列のパターンは $\varphi \vee \psi$ と同じなので，この二つも同値である．

φ	ψ	$\neg\psi$	$\varphi \to \neg\psi$	$\neg(\varphi \to \neg\psi)$	$\neg\varphi$	$\neg\varphi \to \psi$
true	true	false	false	true	false	true
true	false	true	true	false	false	true
false	true	false	true	false	true	true
false	false	true	true	false	true	false

(2)
$$\begin{aligned}\varphi \leftrightarrow \psi &\equiv (\varphi \wedge \psi) \vee (\neg\varphi \wedge \neg\psi) \equiv \neg(\varphi \to \neg\psi) \vee \neg(\neg\varphi \to \psi)\\ &\equiv (\varphi \to \neg\psi) \to \neg(\neg\varphi \to \psi).\end{aligned}$$

第 2 章

2.2.10

(2) が任意の s について成り立つことを n に関する帰納法で示す（(1) も同様に示せる）．$n = 0$ の場合は定義から明らか．$n = k + 1$ の場合は以下のとおり．

$$\begin{aligned}s \models \Diamond^{k+1}\varphi &\iff s \models \Diamond\Diamond^{k}\varphi \iff s \rightsquigarrow s' \text{ となる } s' \text{ が存在して } s' \models \Diamond^{k}\varphi\\ &\iff_{(\text{帰納法の仮定})} s \rightsquigarrow s' \text{ となる } s' \text{ および } s' \rightsquigarrow^{k} t \text{ となる } t \text{ が存在}\end{aligned}$$

$$\text{して}\ t \models \varphi$$
$$\iff s \rightsquigarrow^{k+1} t\ \text{となる}\ t\ \text{が存在して}\ t \models \varphi.$$

2.4.5

(1) $\neg\Diamond\neg\varphi$ と $\Box\varphi$ が $\mathbf{K}$ 同値であることを示す（$\neg\Box\neg\varphi$ と $\Diamond\varphi$ についても同様）．任意の $\mathbf{K}$ モデルの任意の状態 s で次が成り立つ．

$$\begin{aligned} s \models \neg\Diamond\neg\varphi &\iff s \not\models \Diamond\neg\varphi \iff ({}^{\exists}t(s \rightsquigarrow t\ \text{かつ}\ t \models \neg\varphi))\ \text{でない} \\ &\iff {}^{\forall}t(s \rightsquigarrow t\ \text{ならば}\ t \not\models \neg\varphi) \iff {}^{\forall}t(s \rightsquigarrow t\ \text{ならば}\ t \models \varphi) \\ &\iff s \models \Box\varphi. \end{aligned}$$

(2) 充足関係の定義（定義 2.2.7 の (7)）から明らか．

(3) $\mathbf{K}$ モデルと状態 s を任意にとり，(i) $s \models \Box(\varphi \to \psi)$ と (ii) $s \models \Box\varphi$ を仮定して (iii) $s \models \Box\psi$ を示せばよい．仮定 (i) と (ii) から $s \rightsquigarrow t$ なる任意の t に対して $t \models \varphi \to \psi$ と $t \models \varphi$ が成り立つ．したがって（本問題 (2) から）$t \models \psi$ が成り立ち，すなわち $s \rightsquigarrow t$ なる任意の t でこれが成り立ったので，(iii) が成り立つ．

(4) 充足関係の定義（定義 2.2.7 の (9)）から簡単にいえる．

(5) 図 2.1 の状態 1 で $\Box p \to \Box\Box p$ が偽である．一方，遷移関係が推移性を満たす場合に，(i) $s \models \Box\varphi$ を仮定して (ii) $s \models \Box\Box\varphi$ を示す．(ii) を示すには $s \rightsquigarrow t \rightsquigarrow u$ となる任意の t, u に対して $u \models \varphi$ を示せばよいのだが，推移性から $s \rightsquigarrow u$ となるので (i) からこれはいえる．

(6)
$$\begin{aligned} \varphi\ \text{と}\ \psi\ \text{は}\ \mathbf{K}\ \text{同値} &\iff {}^{\forall}(M,s)(M,s \models \varphi \iff M,s \models \psi) \\ &\iff {}^{\forall}(M,s)((M,s \models \varphi\ \text{かつ}\ M,s \models \psi)\ \text{または}\ (M,s \not\models \varphi \\ &\qquad \text{かつ}\ M,s \not\models \psi)) \\ &\iff {}^{\forall}(M,s)(M,s \models \varphi \leftrightarrow \psi) \iff \varphi \leftrightarrow \psi\ \text{は}\ \mathbf{K}\ \text{恒真}. \end{aligned}$$

(7)
$$\begin{aligned} \varphi\ \text{は}\ \mathbf{K}\ \text{充足可能} &\iff {}^{\exists}(M,s)(M,s \models \varphi) \iff ({}^{\forall}(M,s)(M,s \not\models \varphi))\ \text{でない} \\ &\iff ({}^{\forall}(M,s)(M,s \models \neg\varphi))\ \text{でない} \iff \neg\varphi\ \text{は}\ \mathbf{K}\ \text{恒真で} \\ &\qquad \text{ない}. \end{aligned}$$

2.7.6

(1) Σ の任意の有限部分集合 $\Sigma' = \{\Box^{i_1}p, \Box^{i_2}p, \ldots, \Box^{i_n}p, \neg\Box^{*}p\}$ または $\{\Box^{i_1}p, \Box^{i_2}p, \ldots, \Box^{i_n}p\}$ に対して，$i_1, i_2, \ldots, i_n$ の中の最大値を k とすると（$n = 0$ のときは $k = 0$ とする），Σ' は以下の図のモデルの状態 0 で充足される．

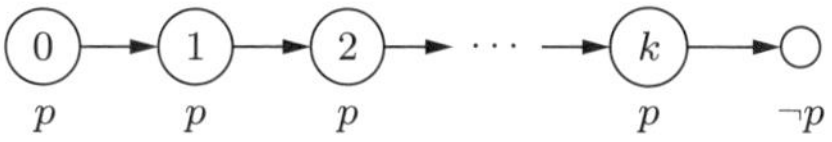

(2) モデル M の状態 s で $\Box^0 p, \Box^1 p, \Box^2 p, \ldots$ がすべて真であるならば，s から任意の複数回のステップで遷移可能なすべての状態で p が真であり，したがって s でさら

に $\neg\Box^* p$ を真にすることは不可能である．

(3) 定理 2.6.6 の $(2 \Rightarrow 1)$ と同様に，$\mathcal{H}_{\mathbf{K}*}$ の健全性から次がいえる．Γ が $\mathbf{K}^*$ 充足可能ならば，Γ は $\mathcal{H}_{\mathbf{K}*}$ 無矛盾である．一方，定理 2.6.8 の証明中で示したように次が成り立つ．Σ の任意の有限部分集合が $\mathcal{H}_{\mathbf{K}*}$ 無矛盾ならば，Σ も $\mathcal{H}_{\mathbf{K}*}$ 無矛盾である．以上のことと本問題の (1) から，Σ が $\mathcal{H}_{\mathbf{K}*}$ 無矛盾であることがいえる．

2.8.10

以下の論理式がすべてトートロジーの形であるので，トートロジー公理により証明できる．

(1) $(\alpha{\to}\beta) \wedge \alpha \wedge \bigwedge \Gamma \to \bigvee \Delta \vee \beta$

(2) $\beta \wedge \bigwedge \Gamma \to \bigvee \Delta \vee (\alpha{\to}\beta)$

(3) $\bigwedge \Gamma \to \bigvee \Delta \vee (\alpha{\to}\beta) \vee \alpha$

なお，これらがトートロジーの形であることを確認するには，α, β に true, false を割り当てる 4 通りの組み合わせすべてについて，これらの論理式が true になることを計算すればよい．

2.8.12

$(\gamma \to \delta \vee \varphi) \to \big((\varphi \wedge \gamma \to \delta) \to (\gamma \to \delta)\big)$ はトートロジーの形なので，トートロジー規則によって，$\langle\!\langle \Gamma{\Rightarrow}\Delta, \varphi \rangle\!\rangle$ と $\langle\!\langle \varphi, \Gamma{\Rightarrow}\Delta \rangle\!\rangle$ から $\langle\!\langle \Gamma{\Rightarrow}\Delta \rangle\!\rangle$ を導くことができる．

2.8.16

$\varphi = \alpha \to \beta$ の場合に演習問題 2.8.10 を用いたのと同様に，以下のシークエントが $\mathcal{H}_{\mathbf{K}}$ で証明できることを用いる．

(1) $\Gamma \Rightarrow \Delta, \top$　(2) $\bot, \Gamma \Rightarrow \Delta$　(3) $\alpha, \neg\alpha, \Gamma \Rightarrow \Delta$

(4) $\Gamma \Rightarrow \Delta, \neg\alpha, \alpha$　(5) $\alpha{\wedge}\beta, \Gamma \Rightarrow \Delta, \alpha$　(6) $\alpha{\wedge}\beta, \Gamma \Rightarrow \Delta, \beta$

(7) $\alpha, \beta, \Gamma \Rightarrow \Delta, \alpha{\wedge}\beta$　(8) $\alpha{\vee}\beta, \Gamma \Rightarrow \Delta, \alpha, \beta$

(9) $\alpha, \Gamma \Rightarrow \Delta, \alpha{\vee}\beta$　(10) $\beta, \Gamma \Rightarrow \Delta, \alpha{\vee}\beta$

(11) $\alpha, \alpha{\leftrightarrow}\beta, \Gamma \Rightarrow \Delta, \beta$　(12) $\beta, \alpha{\leftrightarrow}\beta, \Gamma \Rightarrow \Delta, \alpha$

(13) $\alpha, \beta, \Gamma \Rightarrow \Delta, \alpha{\leftrightarrow}\beta$　(14) $\Gamma \Rightarrow \Delta, \alpha{\leftrightarrow}\beta, \alpha, \beta$

たとえば，$\varphi = \top$ の場合は $\mathbf{K}$ モデルの定義から $(\Gamma{\Rightarrow}\Delta) \models \top$ であるが，一方でもしも $\varphi \in \Delta$ ならば (1) より $\mathcal{H}_{\mathbf{K}} \vdash \Gamma{\Rightarrow}\Delta$ になってしまうので，$\varphi \in \Gamma$ のはずであり，$(\heartsuit)$ は満たされる．また $\varphi = \alpha{\wedge}\beta \in \Gamma$ の場合は，もし $\alpha \in \Delta$ または $\beta \in \Delta$ が成り立つならば (5) と (6) より $\mathcal{H}_{\mathbf{K}} \vdash \Gamma{\Rightarrow}\Delta$ になってしまうので，$\alpha, \beta \in \Gamma$ のはずであり，帰納法の仮定により $(\Gamma{\Rightarrow}\Delta) \models \alpha, \beta$ で $(\Gamma{\Rightarrow}\Delta) \models \alpha{\wedge}\beta$ となる．その他の場合も同様．

2.8.18

Sub(φ) の中のすべての命題変数と Sub(φ) の中の □ から始まるすべての論理式を合わせた集合を $\mathrm{Sub}_0(\varphi)$ とする．もし $\Gamma_0 \Rightarrow \Delta_0$ が $\mathrm{Sub}_0(\varphi)$ の $\mathcal{H}_{\mathbf{K}}$ 証明不可能な分割ならば，次の 3 条件を満たす $\Gamma \Rightarrow \Delta$ はただ一つしか存在しない．

(1) $\Gamma \Rightarrow \Delta$ は Sub(φ) の $\mathcal{H}_{\mathbf{K}}$ 証明不可能な分割．
(2) $\Gamma_0 \subseteq \Gamma$.
(3) $\Delta_0 \subseteq \Delta$.

なぜなら，$\Gamma_0 \Rightarrow \Delta_0$ と $\Gamma \Rightarrow \Delta$ の差分は Sub(φ) 中の $\top, \bot, \neg\alpha, \alpha\wedge\beta, \alpha\vee\beta, \alpha\rightarrow\beta, \alpha\leftrightarrow\beta$ という形の論理式であるが，これらが Γ と Δ のどちらに所属しているかは短い論理式から順に一意に定まるからである．たとえば $\alpha\wedge\beta$ の所属は，α と β の所属に応じて次の (a)，(b) で定まる．

(a) $\alpha \in \Gamma$ かつ $\beta \in \Gamma$ の場合は $\alpha\wedge\beta \in \Gamma$．なぜなら，もし $\alpha \in \Gamma$ かつ $\beta \in \Gamma$ かつ $\alpha\wedge\beta \in \Delta$ ならば，前問 2.8.16 の解答中の (7) によって $\mathcal{H}_{\mathbf{K}} \vdash \Gamma \Rightarrow \Delta$ になってしまうから．
(b) $\alpha \in \Delta$ または $\beta \in \Delta$ の場合は $\alpha\wedge\beta \in \Delta$．なぜなら，もし（$\alpha \in \Delta$ または $\beta \in \Delta$）かつ $\alpha\wedge\beta \in \Gamma$ ならば，前問 2.8.16 の解答中の (5)(6) によって $\mathcal{H}_{\mathbf{K}} \vdash \Gamma \Rightarrow \Delta$ になってしまうから．

同様に $\top, \bot, \neg\alpha, \alpha\vee\beta, \alpha\rightarrow\beta, \alpha\leftrightarrow\beta$ の所属についても，前問 2.8.16 の解答および演習問題 2.8.10 を用いて一意に定まる．以上のことから，Sub(φ) の $\mathcal{H}_{\mathbf{K}}$ 証明不可能な分割全体の個数は $\mathrm{Sub}_0(\varphi)$ の $\mathcal{H}_{\mathbf{K}}$ 証明不可能な分割全体の個数（これは 2^N 以下である）に等しい．

2.9.5

$\neg\alpha \in \Gamma$ ならば $\alpha \in \Delta$．$\neg\alpha \in \Delta$ ならば $\alpha \in \Gamma$.
$\alpha \wedge \beta \in \Gamma$ ならば，$\alpha \in \Gamma$ かつ $\beta \in \Gamma$．$\alpha \wedge \beta \in \Delta$ ならば，$\alpha \in \Delta$ または $\beta \in \Delta$.
$\alpha \vee \beta \in \Gamma$ ならば，$\alpha \in \Gamma$ または $\beta \in \Gamma$．$\alpha \vee \beta \in \Delta$ ならば，$\alpha \in \Delta$ かつ $\beta \in \Delta$.

2.10.6

$$
\begin{aligned}
(0,1,2,0)\text{ 合流性} &\iff {}^{\forall}s^{\forall}x^{\forall}y((s = x \text{ かつ } s \rightsquigarrow^2 y) \text{ ならば } {}^{\exists}t(x \rightsquigarrow t \text{ かつ } y = t)) \\
&\iff {}^{\forall}s^{\forall}y(s \rightsquigarrow^2 y \text{ ならば } {}^{\exists}t(s \rightsquigarrow t \text{ かつ } y = t)) \\
&\iff {}^{\forall}s^{\forall}y(s \rightsquigarrow^2 y \text{ ならば } s \rightsquigarrow y) \iff \text{推移性.} \\
(0,1,0,0)\text{ 合流性} &\iff {}^{\forall}s^{\forall}x^{\forall}y((s = x \text{ かつ } s = y) \text{ ならば } {}^{\exists}t(x \rightsquigarrow t \text{ かつ } y = t)) \\
&\iff {}^{\forall}s^{\exists}t(s \rightsquigarrow t \text{ かつ } s = t) \iff {}^{\forall}s(s \rightsquigarrow s) \iff \text{反射性.} \\
(0,0,1,1)\text{ 合流性} &\iff {}^{\forall}s^{\forall}x^{\forall}y((s = x \text{ かつ } s \rightsquigarrow y) \text{ ならば } {}^{\exists}t(x = t \text{ かつ } y \rightsquigarrow t))
\end{aligned}
$$

$$\iff {}^{\forall}s{}^{\forall}y(s \rightsquigarrow y \text{ ならば } {}^{\exists}t(s = t \text{ かつ } y \rightsquigarrow t))$$
$$\iff {}^{\forall}s{}^{\forall}y(s \rightsquigarrow y \text{ ならば } y \rightsquigarrow s) \iff \text{対称性}.$$
$$(0,1,0,1)\text{ 合流性} \iff {}^{\forall}s{}^{\forall}x{}^{\forall}y((s = x \text{ かつ } s = y) \text{ ならば } {}^{\exists}t(x \rightsquigarrow t \text{ かつ } y \rightsquigarrow t))$$
$$\iff {}^{\forall}s{}^{\exists}t(s \rightsquigarrow t \text{ かつ } s \rightsquigarrow t) \iff \text{継続性}.$$
$$(1,0,1,1)\text{ 合流性} \iff {}^{\forall}s{}^{\forall}x{}^{\forall}y((s \rightsquigarrow x \text{ かつ } s \rightsquigarrow y) \text{ ならば } {}^{\exists}t(x = t \text{ かつ } y \rightsquigarrow t))$$
$$\iff {}^{\forall}s{}^{\forall}x{}^{\forall}y((s \rightsquigarrow x \text{ かつ } s \rightsquigarrow y) \text{ ならば } y \rightsquigarrow x)$$
$$\iff \text{ユークリッド性}.$$

第 3 章

3.2.2

作動ボタンだけを押し続け一度も p が真にならない無限パス $1 \rightsquigarrow 1 \rightsquigarrow \cdots$ が存在することから，$\mathsf{EG}(p \to \mathsf{AF}s)$ が真であることと $\neg p\ \mathsf{AU}\ (p \wedge \mathsf{EF}s)$ が偽であることがそれぞれいえる．

3.3.3

以下では，P は s_0 から始まる無限パス $s_0 \rightsquigarrow s_1 \rightsquigarrow \cdots$ を表す．

【式 (3.2) について】$s_0 \models \mathsf{AG}\varphi \iff {}^{\forall}P({}^{\forall}i(s_i \models \varphi)) \iff ({}^{\exists}P({}^{\exists}i(s_i \models \neg\varphi)))$ でない $\iff s_0 \models \neg\mathsf{EF}\neg\varphi$. 2 番目の式も同様.

【式 (3.3) について】式 (3.2) についてと同様.

【式 (3.4) について】$s_0 \models \mathsf{EF}\varphi \iff {}^{\exists}P({}^{\exists}i(s_i \models \varphi)) \iff {}^{\exists}P({}^{\exists}i(s_i \models \varphi$ かつ $({}^{\forall}j < i)(s_j \models \top))) \iff s_0 \models \top\mathsf{EU}\varphi$.

【式 (3.5) について】式 (3.4) についてと同様.

【式 (3.6) について】$s_0 \models \alpha\mathsf{EW}\beta \iff {}^{\exists}P[{}^{\exists}i(s_i \models \beta$かつ $({}^{\forall}j < i)(s_j \models \alpha))$ または${}^{\forall}j(s_j \models \alpha)] \iff {}^{\exists}P[{}^{\exists}i(s_i \models \beta$かつ $({}^{\forall}j < i)(s_j \models \alpha))]$ または ${}^{\exists}P[{}^{\forall}j(s_j \models \alpha)]$ $\iff s_0 \models (\alpha\mathsf{EU}\beta) \vee \mathsf{EG}\alpha$.

【補題 3.3.2(2)($\Rightarrow$)】$P \models \alpha\mathsf{W}\beta$ を仮定して $P \not\models \neg\beta\mathsf{U}(\neg\alpha\wedge\neg\beta)$ を示すことを目標とする．仮定から $P \models \alpha\mathsf{U}\beta$，またはすべての j で $s_j \models \alpha$ である．前者ならば証明済の (1) から $P \not\models \neg\beta\mathsf{W}(\neg\alpha\wedge\neg\beta)$ となり，定義から目標が示される．後者ならば $\cdots\mathsf{U}(\neg\alpha\wedge\cdots)$ の最終証拠が存在しないことになり，目標が示される．

【補題 3.3.2(2)($\Leftarrow$)】$P \not\models \neg\beta\mathsf{U}(\neg\alpha\wedge\neg\beta)$ を仮定する．もしもすべての j で $s_j \models \alpha$ ならば，$P \models \alpha\mathsf{W}\beta$ であり，証明終了である．そこで，ある j で $s_j \models \neg\alpha$ として，そのような最小の j を k とする．以下では $P \models \alpha\mathsf{U}\beta$ の最終証拠が存在することを示す．もしもすべての $i \leq k$ で $s_i \models \neg\beta$ ならば，この s_k が $\neg\beta\mathsf{U}(\neg\alpha\wedge\neg\beta)$ の最終証拠になってしまい，仮定に反する．したがって，ある $i \leq k$ が存在して $s_i \models \beta$ であり，この s_i が求める最終証拠になっている．

【式 (3.7) について】 $s_0 \models \alpha\mathsf{AW}\beta \iff {}^\forall P(P \models \alpha\mathsf{W}\beta) \iff_{(補題\ 3.3.2(2))} {}^\forall P(P \not\models \neg\beta\mathsf{U}(\neg\alpha\wedge\neg\beta)) \iff ({}^\exists P(P \models \neg\beta\mathsf{U}(\neg\alpha\wedge\neg\beta)))$ でない $\iff (s_0 \models \neg\beta\mathsf{EU}(\neg\alpha\wedge\neg\beta))$ でない $\iff s_0 \models \neg(\neg\beta\mathsf{EU}(\neg\alpha\wedge\neg\beta))$. 2 番目の式も同様.
【式 (3.8) について】式 (3.7) についてと同様.

3.4.9

AU 帰納法のときの証明と同様に，$s_0 \models (\alpha\mathsf{EU}\beta)\wedge\neg\gamma$ なる状態 s_0 があると仮定して，次を満たす状態 t_1 または t_2 の存在を示す.

$$t_1 \models \beta\wedge\neg\gamma,\quad t_2 \models \alpha\wedge\mathsf{EX}\gamma\wedge\neg\gamma$$

仮定によって s_0 から始まる状態遷移列 $s_0 \rightsquigarrow s_1 \rightsquigarrow \cdots \rightsquigarrow s_n$ が存在して s_n が $\alpha\mathsf{EU}\beta$ の最終証拠になっている．さらに，仮定から s_0 で γ は偽である．そこで，s_0 から出発してこの列の上を γ が真になるまで進んでいく．s_n まで到達しても γ が偽のままだったら，s_n が目標の状態 t_1 である．途中で γ が真になったら，その直前の状態が目標の t_2 である.

3.6.1

(1) 演習問題 1.1.7 と同様に示せばよい．$\varphi = \alpha\mathsf{AU}\beta$ の場合は次のようになる.

$$\begin{aligned}|\mathrm{Sub}^+(\alpha\mathsf{AU}\beta)| &= |\{\alpha\mathsf{AU}\beta, \mathsf{AX}(\alpha\mathsf{AU}\beta)\}\cup\mathrm{Sub}^+(\alpha)\cup\mathrm{Sub}^+(\beta)|\\ &\le 2 + |\mathrm{Sub}(\alpha)| + |\mathrm{Sub}(\beta)|\\ &\le_{(帰納法の仮定)} 2 + \mathrm{Lh}(\alpha) + \mathrm{Lh}(\beta) = \mathrm{Lh}(\alpha\mathsf{AU}\beta)\end{aligned}$$

(2) 補題 2.8.2 については $\mathcal{H}_{\mathbf{K}}$ とまったく同じ証明．定理 2.8.4 については，$\mathcal{H}_{\mathbf{K}}$ に対する証明に φ が $\varphi'\mathsf{AU}\varphi''$ や $\varphi'\mathsf{EU}\varphi''$ の場合を追加する．たとえば，$\varphi'\mathsf{AU}\varphi''$ に対して必要な $(\varphi'_{[\alpha]}\mathsf{AU}\varphi''_{[\alpha]}) \to (\varphi'_{[\beta]}\mathsf{AU}\varphi''_{[\beta]})$ の証明は以下のようになる.

$$\dfrac{\dfrac{\dfrac{\text{AU 公理}}{(\varphi'_{[\beta]}\mathsf{AU}\varphi''_{[\beta]}) \leftrightarrow (\varphi''_{[\beta]} \vee (\varphi'_{[\beta]} \wedge \mathsf{AX}(\varphi'_{[\beta]}\mathsf{AU}\varphi''_{[\beta]})))} \quad \dfrac{\text{帰納法の仮定}}{\varphi'_{[\alpha]} \leftrightarrow \varphi'_{[\beta]}} \quad \dfrac{\text{帰納法の仮定}}{\varphi''_{[\alpha]} \leftrightarrow \varphi''_{[\beta]}}}{(\varphi''_{[\alpha]} \vee (\varphi'_{[\alpha]} \wedge \mathsf{AX}(\varphi'_{[\beta]}\mathsf{AU}\varphi''_{[\beta]}))) \to (\varphi'_{[\beta]}\mathsf{AU}\varphi''_{[\beta]})}\ \text{taut}}{(\varphi'_{[\alpha]}\mathsf{AU}\varphi''_{[\alpha]}) \to (\varphi'_{[\beta]}\mathsf{AU}\varphi''_{[\beta]})}\ \text{AU 帰納法}$$

3.6.7

以下のようにシークエントを導ける（$\mathsf{EX} = \neg\mathsf{AX}\neg$ であることに注意する）.

(i) $(\alpha'\wedge\delta)\mathsf{EU}\beta \Rightarrow \alpha\mathsf{EU}\beta$
（演習問題 3.6.1(2) の解答と同様に，EU 公理，EU 帰納法規則などによる）
(ii) $\gamma_1, \gamma_2, \ldots, \gamma_n \Rightarrow \neg((\alpha'\wedge\delta)\mathsf{EU}\beta)$ （(3.11) と (i) による）
(iii) $\mathsf{EX}((\alpha'\wedge\delta)\mathsf{EU}\beta), \mathit{\Gamma} \Rightarrow \mathit{\Delta}$ （(ii) と補題 2.8.11 の $\mathcal{H}_{\mathbf{CTL}}$ 版などによる）

(iii) は補題 3.6.6(1) の証明中の (I) の中の二つの A を E に変えたものであり，この後は (II)〜(VII) の中の対応する A を E に変えればよい．

3.6.9

$\alpha\mathsf{AU}\beta \in \Gamma_0$ として，$P = (s_0 \rightsquigarrow s_1 \rightsquigarrow s_2 \rightsquigarrow \cdots)$ を s_0 から始まる任意の無限パスとする．補題 3.6.8 の性質 (AUL) と (AXL) を繰り返し適用することで，P は次の (I) または (II) を満たすことがいえる．

(I) すべての $i \geq 0$ について $\{\alpha\mathsf{AU}\beta, \alpha, \mathsf{AX}(\alpha\mathsf{AU}\beta)\} \subseteq \Gamma_i$.
(II) ある s_k が存在して，$\Gamma_0, \Gamma_1, \ldots, \Gamma_{k-1}$ はすべて $\{\alpha\mathsf{AU}\beta, \alpha, \mathsf{AX}(\alpha\mathsf{AU}\beta)\}$ を含み，$\{\alpha\mathsf{AU}\beta, \beta\} \subseteq \Gamma_k$.

(II) の場合は，帰納法の仮定によって s_k またはそれより前に最終証拠があることがいえる．(I) の場合は，この無限パスに $\beta \in \Gamma_j$ なる j が存在することをいえばよい．それは次で示される．補題 3.6.4 からこの無限パスには $\overset{2}{\rightsquigarrow}$ が無限回含まれる．$\overset{2}{\rightsquigarrow}$ では $U_{i+1} = \mathsf{Next}(U_i, \Gamma_{i+1})$ という操作が起こるので，いつかは必ず $U_m = \alpha\mathsf{AU}\beta$ になる状態 s_m に到達し，その後最初に $\overset{2}{\rightsquigarrow}$ が起こる際に $\overset{2}{\rightsquigarrow}$ の定義によって $\beta \in \Gamma_j$ になっている．

第 4 章

4.3.5

【$\varphi = x$ のとき】(1) $[\![x]\!]^{M\{x:=A\}} = A \subseteq B = [\![x]\!]^{M\{x:=B\}}$. (2) $x \in \mathrm{PFV}(x)$ なので成り立つ．

【$\varphi = y \neq x$ のとき】$[\![y]\!]^{M\{x:=A\}} = V(y) = [\![y]\!]^{M\{x:=B\}}$.

【$\varphi = \top$ または $\bot$ のとき】$[\![\top]\!]^{M\{x:=A\}} = S = [\![\top]\!]^{M\{x:=B\}}$. $\varphi = \bot$ も同様.

【$\varphi = \neg\psi$ のとき】$x \notin \mathrm{NFV}(\neg\psi) \Rightarrow x \notin \mathrm{PFV}(\psi)$，および，$x \notin \mathrm{PFV}(\neg\psi) \Rightarrow x \notin \mathrm{NFV}(\psi)$ であることを用いる．(1) $[\![\neg\psi]\!]^{M\{x:=A\}} = S \setminus [\![\psi]\!]^{M\{x:=A\}} \subseteq_{(\text{帰納法の仮定})} S \setminus [\![\psi]\!]^{M\{x:=B\}} = [\![\neg\psi]\!]^{M\{x:=B\}}$. (2) も同様.

【$\varphi = \alpha \wedge \beta$ または $\alpha \vee \beta$ のとき】$\bullet$ が $\wedge$ や $\vee$ のとき，$x \notin \mathrm{NFV}(\alpha \bullet \beta) \Rightarrow (x \notin \mathrm{NFV}(\alpha)$ かつ $x \notin \mathrm{NFV}(\beta))$，および，$x \notin \mathrm{PFV}(\alpha \bullet \beta) \Rightarrow (x \notin \mathrm{PFV}(\alpha)$ かつ $x \notin \mathrm{PFV}(\beta))$ であることを用いる．$\varphi = \alpha \wedge \beta$ の (1) は次で示される．$[\![\alpha \wedge \beta]\!]^{M\{x:=A\}} = [\![\alpha]\!]^{M\{x:=A\}} \cap [\![\beta]\!]^{M\{x:=A\}} \subseteq_{(\text{帰納法の仮定})} [\![\alpha]\!]^{M\{x:=B\}} \cap [\![\beta]\!]^{M\{x:=B\}} = [\![\alpha \wedge \beta]\!]^{M\{x:=B\}}$. 他の場合も同様.

【$\varphi = \alpha \to \beta$ のとき】$x \notin \mathrm{NFV}(\alpha \to \beta) \Rightarrow (x \notin \mathrm{PFV}(\alpha)$ かつ $x \notin \mathrm{NFV}(\beta))$，および，$x \notin \mathrm{PFV}(\alpha \to \beta) \Rightarrow (x \notin \mathrm{NFV}(\alpha)$ かつ $x \notin \mathrm{PFV}(\beta))$ であることを用いて，$\varphi = \alpha \vee \beta$ や $\varphi = \neg\psi$ のときの式変形を組み合わせればよい．

【$\varphi = \alpha \leftrightarrow \beta$ のとき】$x \notin \mathrm{NFV}(\alpha \leftrightarrow \beta)$ や $x \notin \mathrm{PFV}(\alpha \leftrightarrow \beta)$ のときには $(x \notin \mathrm{PFV}(\alpha)$ かつ $x \notin \mathrm{NFV}(\alpha)$ かつ $x \notin \mathrm{PFV}(\beta)$ かつ $x \notin \mathrm{NFV}(\beta))$ となるので，帰納法の仮定を用いて $[\![\alpha]\!]^{M\{x:=A\}} = [\![\alpha]\!]^{M\{x:=B\}}$ かつ $[\![\beta]\!]^{M\{x:=A\}} = [\![\beta]\!]^{M\{x:=B\}}$ となるので示される．

【$\varphi = \Box\psi$ または $\Diamond\psi$ のとき】$\bullet$ が $\Box$ や $\Diamond$ のとき，$x \notin \mathrm{NFV}(\bullet\psi) \Rightarrow x \notin \mathrm{NFV}(\psi)$，および $x \notin \mathrm{PFV}(\bullet\psi) \Rightarrow x \notin \mathrm{PFV}(\psi)$，であることを用いる．$\varphi = \Box\psi$ の (1) は次で示される．$[\![\Box\psi]\!]^{M\{x:=A\}} = \Box_{\rightsquigarrow}([\![\psi]\!]^{M\{x:=A\}}) = \{s \in S \mid (s \rightsquigarrow^{\forall} t)(t \in [\![\psi]\!]^{M\{x:=A\}})\} \subseteq_{(\text{帰納法の仮定})} \{s \in S \mid (s \rightsquigarrow^{\forall} t)(t \in [\![\psi]\!]^{M\{x:=B\}})\} = \Box_{\rightsquigarrow}([\![\psi]\!]^{M\{x:=B\}}) = [\![\Box\psi]\!]^{M\{x:=B\}}$．他の場合も同様.

【$\varphi = \mu y.\psi$ かつ $x \neq y$ のとき】本文の証明と同様である．ただし，(1) のために $\bigcap\{Y \mid [\![\psi]\!]^{M\{x:=A\}\{y:=Y\}} \subseteq Y\} \subseteq \bigcap\{Y \mid [\![\psi]\!]^{M\{x:=B\}\{y:=Y\}} \subseteq Y\}$ を示すのに「$[\![\psi]\!]^{M\{x:=B\}\{y:=Y\}} \subseteq Y$ ならば $[\![\psi]\!]^{M\{x:=A\}\{y:=Y\}} \subseteq Y$」を使うことに注意する．また，(2) は (1) の A と B の役割が入れ替わっただけなので，(1) と同様である．

【$\varphi = \mu x.\psi$ のとき】$[\![\mu x.\psi]\!]^{M\{x:=A\}} = \bigcap\{X \mid [\![\psi]\!]^{(M\{x:=A\})\{x:=X\}} \subseteq X\} = \bigcap\{X \mid [\![\psi]\!]^{M\{x:=X\}} \subseteq X\} = \bigcap\{X \mid [\![\psi]\!]^{(M\{x:=B\})\{x:=X\}} \subseteq X\} = [\![\mu x.\psi]\!]^{M\{x:=B\}}$.

【$\varphi = \nu v.\psi$ で本文に書かれた以外の場合】$\varphi = \mu v.\psi$ のときと同様.

4.3.9

次の三つが成り立つ.

(1) $A \subseteq P$.

(2) ($s \in A$ かつ $s \rightsquigarrow t$) ならば $t \in A$.

(3) $B = P \cap \Box_{\rightsquigarrow}(B)$.

(1)，(2) は A の定義から簡単に示され，(3) は B が F の不動点であること．ここで次の二つを仮定する.

(4) $s \in A$.

(5) $s \notin B$.

すると，(1)，(3)，(4)，(5) から $s \notin \Box_{\rightsquigarrow}(B)$，すなわちある t について $s \rightsquigarrow t$ かつ $t \notin B$ となる．すると，(2)，(4) から $t \in A$ もいえる.

4.4.9

以下では $M = \langle S, \rightsquigarrow, V\rangle$ とする.

［**補題 4.4.7 の証明**］φ の構成に関する帰納法により，題意が任意の M について成り立つことを示す.

【$\varphi = y \neq x$ のとき】$[\![y]\!]^{M} = V(y) = [\![y]\!]^{M\{x:=X\}}$.

【$\varphi = \top$ または $\bot$ のとき】自明.

【$\varphi = \circ\alpha$ または $\alpha \bullet \beta$ のとき $(\circ \in \{\neg, \Box, \Diamond\}, \bullet \in \{\wedge, \vee, \to, \leftrightarrow\})$】たとえば $\circ = \Box$ ならば $[\![\Box\alpha]\!]^M = \Box_{\leadsto}([\![\alpha]\!]^M) =_{(\text{帰納法の仮定})} \Box_{\leadsto}([\![\alpha]\!]^{M\{x:=X\}}) = [\![\Box\alpha]\!]^{M\{x:=X\}}$. 他の場合も同様.

【$\varphi = \eta y.\alpha$ かつ $x \neq y$ のとき】$\eta = \mu$ ならば $[\![\mu y.\alpha]\!]^M = \bigcap\{Y \mid [\![\alpha]\!]^{M\{y:=Y\}} \subseteq Y\} =_{(\text{帰納法の仮定})} \bigcap\{Y \mid [\![\alpha]\!]^{M\{y:=Y\}\{x:=X\}} \subseteq Y\} = \bigcap\{Y \mid [\![\alpha]\!]^{M\{x:=X\}\{y:=Y\}} \subseteq Y\} = [\![\mu y.\alpha]\!]^{M\{x:=X\}}$. $\eta = \nu$ も同様.

【$\varphi = \eta x.\alpha$ のとき】$\eta = \mu$ ならば $[\![\mu x.\alpha]\!]^M = \bigcap\{Z \mid [\![\alpha]\!]^{M\{x:=Z\}} \subseteq Z\} = \bigcap\{Z \mid [\![\alpha]\!]^{(M\{x:=X\})\{x:=Z\}} \subseteq Z\} = [\![\mu x.\alpha]\!]^{M\{x:=X\}}$. $\eta = \nu$ も同様.

［**補題 4.4.8 の証明**］

【$\varphi = x$ のとき】$[\![x\{x:=\psi\}]\!]^M = [\![\psi]\!]^M = [\![x]\!]^{M\{x:=[\![\psi]\!]^M\}}$.

【$\varphi = y \neq x$, または $\varphi = \top, \bot$ のとき】$[\![y\{x:=\psi\}]\!]^M = [\![y]\!]^M = V(y) = [\![y]\!]^{M\{x:=[\![\psi]\!]^M\}}$. $\top, \bot$ も同様.

【$\varphi = \circ\alpha$ または $\alpha \bullet \beta$ のとき. ただし $\circ \in \{\neg, \Box, \Diamond\}, \bullet \in \{\wedge, \vee, \to, \leftrightarrow\}$】たとえば $\circ = \Box$ ならば $[\![(\Box\alpha)\{x:=\psi\}]\!]^M = [\![\Box(\alpha\{x:=\psi\})]\!]^M = \Box_{\leadsto}([\![\alpha\{x:=\psi\}]\!]^M) =_{(\text{帰納法の仮定})} \Box_{\leadsto}([\![\alpha]\!]^{M\{x:=[\![\psi]\!]^M\}}) = [\![\Box\alpha]\!]^{M\{x:=[\![\psi]\!]^M\}}$. 他の場合も同様.

【$\varphi = \mu y.\alpha$ かつ $x \notin \mathrm{FV}(\alpha)$ のとき】$[\![(\mu y.\alpha)\{x:=\psi\}]\!]^M = [\![\mu y.\alpha]\!]^M =_{(\text{補題 4.4.7})} [\![\mu y.\alpha]\!]^{M\{x:=[\![\psi]\!]^M\}}$.

【$\varphi = \mu x.\alpha$ のとき】$[\![(\mu x.\alpha)\{x:=\psi\}]\!]^M = [\![\mu x.\alpha]\!]^M =_{(\text{補題 4.4.7})} [\![\mu x.\alpha]\!]^{M\{x:=[\![\psi]\!]^M\}}$.

【$\varphi = \nu \cdots$ のとき】$\varphi = \mu \cdots$ のときと同様.

4.8.6

(1) 次の 2 条件の同値性を示す.

($\heartsuit$) $\mathcal{E}(\mu x.(q \vee (p \wedge \Diamond x)), M, s_0)$ に肯定者の必勝戦略が存在する.

($\clubsuit$) 題意の $s_0 \leadsto s_1 \leadsto \cdots \leadsto s_n$ が存在する.

【($\heartsuit$) $\Rightarrow$ ($\clubsuit$)】否定者が「$\wedge$ では, そのときの状態で p が真ならば $\Diamond x$ を選び, 偽ならば p を選ぶ」という戦略でプレイしたとする. すると, このプレイで肯定者が勝利するのは, 真である q を $\vee$ で選んだときだけである. したがって, 肯定者に必勝戦略があるならば, 勝利までに状態駒が通った状態列が求める $s_0 \leadsto s_1 \leadsto \cdots \leadsto s_n$ になっている.

【($\clubsuit$) $\Rightarrow$ ($\heartsuit$)】肯定者の「$\vee$ では, そのときの状態で q が真ならば q を選び, 偽ならば $\wedge$ を選ぶ. $\Diamond$ では, 状態駒を $s_0 \leadsto s_1 \leadsto \cdots \leadsto s_n$ に沿って進める.」という戦略を考える. この戦略を用いれば, s_n またはそれ以前の s_i で肯定者が必ず勝利する.

(2) (1) と同じ議論で示される. μ が ν に変わったことで無限プレイが肯定者の勝

利になるが，それが題意の無限パスに対応する．

第 5 章 ──────────

5.3.4

(1) 第 2 章の例 2.4.2 と同様．

(2) φ が **K** 論理式で，φ 中の $\Box, \Diamond$ をすべて $[\pi], \langle\pi\rangle$ に書き換えた **PDL** 論理式を φ^+ とする．M を任意の **PDL** モデルとして，M 中の関係 $\overset{\pi}{\leadsto}$ を $\leadsto$ に読み替えて得られる **K** モデルを M^- とする．M での φ^+ の真偽は M^- での φ の真偽と一致する．したがって，もし φ が **K** 恒真ならば φ^+ は M の任意の状態で真である．

(3) $s \models [\pi_1;\pi_2]\varphi \iff {}^\forall t(s \overset{\pi_1;\pi_2}{\leadsto} t$ ならば $t \models \varphi) \iff {}^\forall t(({}^\exists u(s \overset{\pi_1}{\leadsto} u \overset{\pi_2}{\leadsto} t))$ ならば $t \models \varphi) \iff {}^\forall t {}^\forall u(s \overset{\pi_1}{\leadsto} u \overset{\pi_2}{\leadsto} t$ ならば $t \models \varphi) \iff {}^\forall t {}^\forall u(s \overset{\pi_1}{\leadsto} u$ ならば $(u \overset{\pi_2}{\leadsto} t$ ならば $t \models \varphi)) \iff {}^\forall u(s \overset{\pi_1}{\leadsto} u$ ならば${}^\forall t(u \overset{\pi_2}{\leadsto} t$ ならば $t \models \varphi)) \iff {}^\forall u(s \overset{\pi_1}{\leadsto} u$ ならば $u \models [\pi_2]\varphi) \iff s \models [\pi_1][\pi_2]\varphi$.

(4) $s \models [\pi_1 \cup \pi_2]\varphi \iff {}^\forall t(s \overset{\pi_1 \cup \pi_2}{\leadsto} t$ ならば $t \models \varphi) \iff {}^\forall t((s \overset{\pi_1}{\leadsto} t$ または $s \overset{\pi_2}{\leadsto} t)$ ならば $t \models \varphi) \iff {}^\forall t((s \overset{\pi_1}{\leadsto} t$ ならば $t \models \varphi)$ かつ $(s \overset{\pi_2}{\leadsto} t$ ならば $t \models \varphi)) \iff ({}^\forall t(s \overset{\pi_1}{\leadsto} t$ ならば $t \models \varphi))$ かつ $({}^\forall t(s \overset{\pi_2}{\leadsto} t$ ならば $t \models \varphi)) \iff s \models [\pi_1]\varphi$ かつ $s \models [\pi_2]\varphi \iff s \models [\pi_1]\varphi \wedge [\pi_2]\varphi$.

(5) $[\pi]$ と $[\pi^*]$ の関係は 2.7 節での $\Box$ と $\Box^*$ の関係と同じである．よって，例 2.7.2, 2.7.3 と上記の (2) の議論を合わせればいえる．

(6) $s \models [\varphi?]\psi \iff {}^\forall t(s \overset{\varphi?}{\leadsto} t$ ならば $t \models \psi) \iff {}^\forall t((s = t$ かつ $s \models \varphi)$ ならば $t \models \psi) \iff s \models \varphi$ ならば $s \models \psi \iff s \models \varphi \to \psi$.

5.4.8

(I) $\mathrm{Lh}(\pi)$ に関する帰納法による．

【π が原子プログラムのとき】木の生成手続き（定義 5.4.3）の (2) によりいえる．

【$\pi = \pi_1;\pi_2$ のとき】木の生成手続き (3) により $[\pi_1][\pi_2]\varphi$ というノードがある．すると，$\mathrm{Lh}(\pi) > \mathrm{Lh}(\pi_1)$ なので，帰納法の仮定により $[\pi_2]\varphi$ というノードがある．さらに，$\mathrm{Lh}(\pi) > \mathrm{Lh}(\pi_2)$ なので，ふたたび帰納法の仮定により φ というノードがある．

【$\pi = \pi_1 \cup \pi_2$ のとき】木の生成手続き (4) により $[\pi_1]\varphi$ というノードがあり，$\mathrm{Lh}(\pi) > \mathrm{Lh}(\pi_1)$ なので帰納法の仮定により φ というノードがある．

【$\pi = \pi_1^*$，または $\alpha?$ のとき】木の生成手続き (5), (6) により φ というノードがある．

(II) 根からノード α までの距離に関する帰納法による．

【α が根 ξ のとき】ξ の中には ✓ が現れないので該当しない．

【α が根でなく，${}^{\checkmark}\varphi$ の冒頭の ✓ が α 生成の際に発生したものであるとき】この場合は次の二つの場合と同じである．(A) α が手続き (4) で $[\pi_1 \cup \pi_2]\varphi$ から作られたノード $[\pi_2]^{\checkmark}\varphi$ で φ が非 ✓ 論理式のとき，(B) α が手続き (5) で $[\pi^*]\psi$ から作られたノード $[\pi]^{\checkmark}[\pi^*]\psi$ で $\varphi = [\pi^*]\psi$ のとき．(A) は，手続き (4) で α が作られるのと同時にノード $[\pi_1]\varphi$ も作られており，これに先述の (I) を適用すれば φ がどこかにノードとして存在していることがいえる．(B) は $[\pi^*]\psi$ が α の親ノードとして存在している．

【それ以外の場合】木の生成手続きの定義から ${}^{\checkmark}\varphi$ という部分は α の親ノードにも出現しているので，帰納法の仮定によりいえる．

【X が Fischer–Ladner 性をもつこと】Fischer–Ladner 性の条件（定義 5.4.1）の (1)〜(6) を示す．(1) $\neg\varphi \in X$ ならば定義から T の非 ✓ ノード $\neg\varphi^+$（ただし $(\neg\varphi^+)^- = \neg\varphi$）があるので，木の生成手続きにより φ^+ が子ノードとして存在する．ここで，φ^+ が非 ✓ ノードならば定義により $\varphi \in X$ であり，✓ ノードだとしても性質 (II) を用いて $\varphi \in X$ がいえる．$\varphi \bullet \psi \in X$ の場合も同様である．(2) $[\pi]\varphi \in X$ ならば定義から T の非 ✓ ノード $[\pi]\varphi^+$（ただし $([\pi]\varphi^+)^- = [\pi]\varphi$）があるので，性質 (I) により φ^+ が子ノードとして存在する．ここで，φ^+ が非 ✓ ノードならば定義により $\varphi \in X$ であり，✓ ノードだとしても性質 (II) を用いて $\varphi \in X$ がいえる．(3)〜(6) も同様に示される．

【X が ξ を含む Fischer–Ladner 性をもつ集合の中で最小であること】X が ξ を含むことは T の生成手続きから明らか．以下では，ξ を含み Fischer–Ladner 性をもつ任意の集合 Y をとり，T の任意のノード φ について，$\varphi^- \in Y$ であることを，根から φ までの距離に関する帰納法で示す．

【φ が根 ξ のとき】Y の定義から成り立つ．

【φ が根でないノードのとき】φ の親ノードを ψ とする．帰納法の仮定から $\psi^- \in Y$ であり，木の生成手続きの定義と Y の Fischer–Ladner 性からいえる．

5.5.1

$$\cfrac{\varphi \vee [\pi]\psi_1 \qquad \cfrac{\cfrac{\textbf{K}\text{ 公理}}{[\pi](\psi_1 \to \psi_2) \to ([\pi]\psi_1 \to [\pi]\psi_2)} \qquad \cfrac{\psi_1 \to \psi_2}{[\pi](\psi_1 \to \psi_2)}\,[\pi]}{[\pi]\psi_1 \to [\pi]\psi_2}\,\text{分離}}{\varphi \vee [\pi]\psi_2}\,\text{taut}$$

$$\cfrac{\varphi \vee [\pi]\psi_1 \qquad \varphi \vee [\pi]\psi_2 \qquad \cfrac{\cfrac{\text{トートロジー公理}}{\langle\!| \psi_1, \psi_2 \Rightarrow \psi_1 \wedge \psi_2 |\!\rangle}}{\langle\!| [\pi]\psi_1, [\pi]\psi_2 \Rightarrow [\pi](\psi_1 \wedge \psi_2) |\!\rangle}\,\text{補題 2.8.11 と同じ}}{\varphi \vee [\pi](\psi_1 \wedge \psi_2)}\,\text{taut}$$

第 6 章

6.4.7

$$\cfrac{\cfrac{\underline{A} \to [\underline{\pi_1}]\underline{C_1} \qquad \underline{C_1} \to [\underline{\pi_2}]\underline{C_2}}{\cfrac{\underline{A} \to [\underline{\pi_1}][\underline{\pi_2}]\underline{C_2}}{\underline{A} \to [\underline{\pi_1};\underline{\pi_2}]\underline{C_2}}\ (;\ \text{公理})}\ (\text{内部含意})$$

$$\vdots$$

$$\cfrac{\underline{A} \to [\underline{\pi_1};\underline{\pi_2};\cdots;\underline{\pi_{n-1}}]\underline{C_{n-1}} \qquad \underline{C_{n-1}} \to [\underline{\pi_n}]\underline{B}}{\cfrac{\underline{A} \to [\underline{\pi_1};\underline{\pi_2};\cdots;\underline{\pi_{n-1}}][\underline{\pi_n}]\underline{B}}{\underline{A} \to [\underline{\pi_1};\underline{\pi_2};\cdots;\underline{\pi_{n-1}};\underline{\pi_n}]\underline{B}}\ (;\ \text{公理})}\ (\text{内部含意})$$

$$\cfrac{\cfrac{\cfrac{\underline{C} \land \underline{A} \to [\underline{\pi_1}]\underline{B}}{\underline{A} \to (\underline{C} \to [\underline{\pi_1}]\underline{B})}}{\cfrac{\underline{A} \to [\underline{C}?][\underline{\pi_1}]\underline{B}}{\underline{A} \to [\underline{C}?;\underline{\pi_1}]\underline{B}}\ (;\ \text{公理})}\ (?\text{公理}) \qquad \cfrac{\cfrac{\neg\underline{C} \land \underline{A} \to [\underline{\pi_2}]\underline{B}}{\underline{A} \to (\neg\underline{C} \to [\underline{\pi_2}]\underline{B})}}{\cfrac{\underline{A} \to [(\neg\underline{C})?][\underline{\pi_2}]\underline{B}}{\underline{A} \to [(\neg\underline{C})?;\underline{\pi_2}]\underline{B}}\ (;\ \text{公理})}\ (?\text{公理})}{\cfrac{\underline{A} \to [\underline{C}?;\underline{\pi_1}]\underline{B} \land [(\neg\underline{C})?;\underline{\pi_2}]\underline{B}}{\underline{A} \to [(\underline{C}?;\underline{\pi_1}) \cup ((\neg\underline{C})?;\underline{\pi_2})]\underline{B}}\ (\cup\ \text{公理})}$$

参考文献

[1] 小野寛晰．**情報科学における論理**．日本評論社，1994.

[2] 鹿島亮．**C 言語による計算の理論**．サイエンス社，2008.

[3] 鹿島亮．**数理論理学**．朝倉書店，2009.

[4] 菊池誠（編著）．**数学における証明と真理–様相論理と数学基礎論**．共立出版，2016.

[5] 小林直樹，住井英二郎．**プログラム意味論の基礎**．サイエンス社，2020.

[6] 佐野勝彦．**様相論理入門**．（文献 [4] の 23–96 ページ）

[7] 萩谷昌己，西崎真也．**論理と計算のしくみ**，岩波書店，2007.

[8] 林 晋．**プログラム検証論**．共立出版．1995.

[9] 古澤仁，高井利憲．**クリーニ代数入門**．コンピュータソフトウェア 23 巻 3 号 14–34，2006.

[10] 戸次大介．**数理論理学**．東京大学出版会，2012.

[11] J. ホップクロフト，R. モトワニ，J. ウルマン（共著），野崎昭弘，高橋正子，町田元，山崎秀記（共訳）．**オートマトン 言語理論 計算論 I, II [第 2 版]**．サイエンス社，2003.

[12] **電子情報通信学会知識ベース**．
`http://www.ieice-hbkb.org/portal/doc_index.html`

[13] B. Afshari and G. E. Leigh. Cut-free completeness for modal mu-calculus. *32nd Annual ACM/IEEE Symposium on Logic in Computer Science*: 1–12, 2017.

[14] Patrick Blackburn, Maarten de Rijke, and Yde Venema. *Modal Logic*. Cambridge University Press, 2001.

[15] Patrick Blackburn, Johan van Benthem, and Frank Wolter (ed.). *Handbook of Modal Logic* (Studies in Logic and Practical Reasoning, Volume 3). Elsevier, 2007.

[16] Julian C. Bradfield and Colin Stirling. Modal mu-calculi.（文献 [15] の 721–756 ページ）.

[17] Kai Brünnler and Martin Lange. Cut-free sequent systems for temporal logic. *Journal of Logic and Algebraic Programming*, 76:216–225, 2008.

[18] Brian F. Chellas. *Modal Logic: An Introduction.* Cambridge University Press, 1980.

[19] Edmund M. Clarke, Jr., Orna Grumberg, Daniel Kroening, Doron Peled, and Helmut Veith. *Model Checking, second edition.* MIT Press, 2018.

[20] Stéphane Demri, Valentin Goranko, and Martin Lange. *Temporal Logics in Computer Science: Finite-State Systems.* Cambridge University Press, 2016.

[21] Ronald Fagin, Joseph Y. Halpern, Yoram Moses, and Moshe Vardi. *Reasoning About Knowledge.* MIT Press, 1995.

[22] Michael J. Fischer and Richard E. Ladner. Propositional dynamic logic of regular programs. *Journal of Computer and System Sciences* 18:194-211, 1979.

[23] Robert Goldblatt. *Logics of Time and Computation, second edition.* Center for the Study of Language and Information, 1992.

[24] David Harel, Dexter Kozen and Jerzy Tiuryn. *Dynamic Logic.* MIT Press, 2000.

[25] Ryo Kashima. An axiomatization of ECTL. *Journal of Logic and Computation*, 24:117-133, 2014.

[26] Dexter Kozen and Rohit Parikh. An Elementary Proof of the Completeness of PDL. *Theoretical Computer Science*, 14:113–118,1981.

[27] Zhe Lin and Minghui Ma. The Finite Model Property of Quasi-transitive Modal Logic. `https://arxiv.org/abs/1802.09240`

[28] Yde Venema. *Lectures on the modal μ-calculus.* 2020.

[29] Glynn Winskel. *The Formal Semantics of Programming Languages: An Introduction.* MIT Press, 1993.

[30] *Stanford Encyclopedia of Philosophy.* `https://plato.stanford.edu/index.html`

索　引

著 者 略 歴

鹿島　亮（かしま・りょう）

1988 年　東京工業大学 理学部 情報科学科 卒業
1991 年　東京工業大学 理工学研究科 情報科学専攻 博士課程中退
1991 年　東京工業大学 助手
　　　　北陸先端科学技術大学院大学 助手などを経て
　　　　現在は東京工業大学 情報理工学院 准教授
　　　　博士（理学）

編集担当　村瀬健太(森北出版)
編集責任　藤原祐介・宮地亮介(森北出版)
組　　版　藤原印刷
印　　刷　　同
製　　本　　同

コンピュータサイエンスにおける様相論理　ⓒ鹿島　亮　*2022*

2022 年 1 月 20 日　第 1 版第 1 刷発行　【本書の無断転載を禁ず】

著　　者　鹿島　亮
発 行 者　森北博巳
発 行 所　**森北出版株式会社**

東京都千代田区富士見 1-4-11（〒 102-0071）
電話 03-3265-8341／FAX 03-3264-8709
https://www.morikita.co.jp/
日本書籍出版協会･自然科学書協会　会員
JCOPY ＜(一社)出版者著作権管理機構 委託出版物＞

落丁･乱丁本はお取替えいたします.

Printed in Japan／ISBN978-4-627-85641-7